学习做一个会老的人

〔美〕拉姆·达斯 RAM DASS 著

王国平 译

STILL HERE

吉林出版集团股份有限公司

图书在版编目（CIP）数据

学习做一个会老的人/（美）拉姆·达斯著；王国平译.—长春：吉林出版集团股份有限公司，2017.3

书名原文：still here

ISBN 978-7-5581-2240-8

Ⅰ.①学… Ⅱ.①拉… ②王… Ⅲ.①老年心理学—通俗读物 Ⅳ.①B844.4-49

中国版本图书馆CIP数据核字（2017）第038440号

吉林省版权局著作权登记 图字：07-2011-3472号

Still Here by Ram Dass
Copyright © 2000 by Ram Dass
All rights reserved including the right of reproduction in whole or in part in any form.
This edition published by arrangement with Riverhead Books, a member of Penguin Group(USA)Inc. Through Bardon-Chinese Media Agency.
Simplified Chinese translation copyright © 2012 by Beijing Jiban Book Co., Ltd.
All Rights Reserved.

学习做一个会老的人

著　　者	[美]拉姆·达斯
译　　者	王国平
选题策划	牛瑞华　王　炜
责任编辑	齐　琳　史俊南
封面设计	尚燕平
开　　本	710mm×1000mm　1/16
字　　数	200千
印　　张	12
版　　次	2017年4月第1版
印　　次	2017年4月第1次印刷

出　　版	吉林出版集团股份有限公司
电　　话	总编办：010—63109269
	发行部：010—62513889
印　　刷	北京画中画印刷有限公司

ISBN 978-7-5581-2240-8　　　　定价：42.00元

版权所有　侵权必究

随着一天天变老,人们不愿在无关紧要的事上浪费一分一秒。此时你会摘下面具,放下虚荣和不切实际的幻想。

——艾略特

目 录
Contents

001 | 导读　一位离经叛道的心灵导师
010 | 引言　中风之后，才真正感受到"老"的含义

第一章·新的角色

　　当今文化塑造的观念是让你认为衰老是一种失败，只有神奇的科学和商家才能拯救我们。你能看出这一假设有多荒谬、滋生出多少痛苦吗？我们绞尽脑汁地对付鱼尾纹、眼袋和小肚子，拼命地与不可逆转的老去趋势作抗争。

018 | 人生第一张老年票
021 | 正确看待日渐衰老的自己
027 | 到了年纪就要服老
028 | 接受自己变老的样子，从容貌到体型
030 | 心有余而力不足时，就慢下来
032 | 列一份衰老可能带来的"麻烦清单"
035 | 实事求是地对待衰老引起的身体问题

037 | 疼痛是最大的强敌

039 | 摆脱对重度残疾人士的恐惧

041 | 制定一套应对严重疾病的方案

第二章 · 学习做一个老人

　　随着年龄的增长，你会相信老年人应该按照别人的指点去想、去生活，"自我"让你觉得自己比年轻时更加渺小。但只要花些时间学习和思考，坚定意志，你也能按自己的方式安享晚年，利用不断变化的环境来造福社会和自己。

046 | 中风初期的生活变化

052 | 做个旁观者，而不是被疼痛左右

058 | 中风让我懂得了爱的可贵

062 | 放下欲望

065 | 学习冥想

067 | 老年痴呆是最令人恐惧的

070 | 寂寞是老年人常见的苦衷

072 | 尴尬是老年人一种常见的内心状态

074 | 幽闭恐惧症

076 | 人上了年纪，随无能为力而来的还有失落感

078 | 人到晚年，时常会感到抑郁

079 | 正视大小便失禁、遭人遗弃和死亡等问题

第三章 · 缺失的老去文化

在印度文化中，永恒的事物才是重点。他们的目标不是拥有丰厚的养老金、修长的大腿和快乐的性生活，而是经历过风雨的印度老人式的悠闲。

084 | 两种文化

087 | 与自己的肉体握手言别

092 | 尊重自己的身体

093 | 老去的最佳境界是"无知"

095 | 退休的恐惧

097 | 当性欲减退

099 | 别人眼里的落伍者

101 | 信息越发达，人与人的相聚越难

104 | 学会成为一个依赖别人的人

107 | 权力和地位早晚会失去

109 | 人退休并不代表心也退了休

112 | 撇开众望，按自己的人生观生活

114 | 言行不一是老年人的福利

116 | 卸下肩头的责任，关注心的交流

第四章 · 临终关怀的重要意义

临终关怀有着深远的意义：死亡是一个自然过程，无需介入太多。对希望清醒地面对死亡的人来说，临终关怀也许是一个理想的选择，免得医生不惜一切代价强制你活着。

120 | 当至亲离世后，死神更近一步

122 | 三问死神

124 | 人死后会发生什么

130 | 活得尊严，死得体面

135 | 如何为临终做准备

144 | 哈努曼基金临终计划

第五章 · 活在时间之外

　　在讲求坚忍、向前看和时间就是金钱的社会中，人们无法容忍慢节奏和悲伤，悲伤这种对人生有益而且必需的一面往往被忽视了。人越是上了年纪，失去的越多，悲伤的需要也愈发显著。只有懂得怎样悲伤，我们才有望将过去抛在身后，过好现在这一刻。

152 | 重新认识时间

154 | 覆水难收

157 | 和过去做个了断

164 | 化悲伤为智慧

165 | 不自寻烦恼

167 | 做最好的打算，接受最坏的结果

170 | 和恐惧促膝长谈

172 | 不妨一次只做一件事

173 | 客观时间、心理时间和文化时间

177 | 身体已老，但生活的每一刻都是新的

183 | 后记　安于老去

导读
一位离经叛道的心灵导师*

三年前的一个寒风凛冽的冬夜,拉姆·达斯躺在加州家中的床上,整理着有关老去和死亡这本书的思绪。当年他65岁,已是满头的白发,有着数百小时陪伴身患重疾之人的经历。其时,他已经完成了《学习做一个会老的人》这本书的手稿,但就在1997年的同一天,编辑埃米·赫兹将稿子退给了他。赫兹说,该书"太过肤浅——虽说幽默风趣,但没有真正切中问题的实质"。

拉姆·达斯躺在床上辗转反侧,思考着如何深入到问题的实质,如何将老去表达得更加直观,而非隔靴搔痒、泛泛而谈。他问自己,提到衰老,人们最恐惧的是什么:体弱多病,颠三倒四,生活不能自理,坐在轮椅上衣来伸手、饭来张口,形同

---

* 作者莎拉·戴维森,编译自《纽约时报》2000年5月21日。

废人。他闭上眼睛,试图体味腿脚不听使唤、大脑想不起最简单的一些事时的感受。这时,电话铃响了。

他起身去接电话,却一下摔倒在地上。几个小时后醒来,他发现自己躺在重症监护室里,因中风全身瘫痪——这一事件可以看作他完成本书的一个极端例子。

医生说,他大脑内溢血严重,可能九死一生。这一消息随即在朋友间传了开来:"拉姆·达斯中风了。不能动也不能说话,恐怕连小命都不能保。"

这些年来,我没见过拉姆·达斯,也不曾想起过他,但这一消息还是让我大为震惊。作为心理学教授的理查德·阿尔伯特,他因和同事蒂莫西·里尔利一起吸大麻,于1963年遭哈佛大学解雇。其后,他旅居印度,易名拉姆·达斯,意为"上帝的仆人"。

1971年,拉姆·达斯出版了《活在当下》(*Be Here Now*),说的是他从一位"神经质的心理学家"到一袭白袍、发现内心祥和的瑜伽大师的转变,该书销量达200万册,打动了无数婴儿潮一代人的心弦,同时也遭到了同行的嫉恨,他的理念被斥为狂妄和无知。读过这本书或听过他演讲的人,最能了解,他首先是一位语言大师,一位才华横溢的老师以及能抓住千千万万人心的演讲家。如今,他无法说话,因病变得沉默寡言,似乎是一个残酷且令人痛苦的结局。

然而,中风一周后,拉姆·达斯振作起来,由此开始了一段漫长的康复过程。去年秋天,在纽约从事艺术品交易的朋友凯西·戈德曼邀我和她一道去圣约翰大教堂看拉姆·达斯。"他得了中风,话都说不周全。"我说。她耸了耸肩,说:"我们去瞧瞧不就得了。"

上午七点,有超过一千五百人涌进了教堂的锡诺厅。除了为数不多的几位穿眉打舌的年轻人,大多数都是四十往上的股票经纪人、编辑、医生、艺术家、教师和唱片公司的高管。与会者大都多年未曾联系,这一聚会给人以一种怀旧和团聚的感觉。

人们四下里呼朋唤友之际,拉姆·达斯从后门被推进了大厅。他红光满面,谢了顶的头上戴了顶时髦的棒球帽。他抓住扶手,一路攀上六级台阶,上了放在台上的另一台轮椅。台下的人顿时全体起立,报以雷鸣般的掌声。他抬起左臂,示意大家坐下。他的右半身仍然不能动,右臂像折断的鸟翼一样垂着。"我想告诉大家。"他张开嘴,但又停住了,接着他笑着说,"我……依然在学习做一个会老的人。"

台下的听众再一次爆发出欢呼声。

拉姆·达斯说,中风教会他珍惜沉默:"我的脑海中有一间更衣室,我的观点好比穿上了语言做成的衣服。但这间更衣室有一天被炸毁了。我虽有清晰的思维,却无法附之于语言,这样一来,我说话的时候,会不时地插进一段……沉默。"他邀大家和他一起"在沉默中做游戏",接下来的三个小时里,他一安静下来,大厅里顿时有一股祥和安宁的感觉。

拉姆·达斯说,多年来,他一直致力于陪伴临终者,帮助他们无所畏惧地面对死亡。他说:"从这些人身上,我总结出深刻的思想和丰富的经验。"但等他自己得了中风,"他们说我不行了,我根本没有什么深刻的灵性思想。我望着天花板上的管子想,我可是灵性大师!"台下的听众笑了。"这表明,我还有进一步的工作要做。"

我最近一次见拉姆·达斯是在1973年,《绅士》杂志约我写一篇他的小传。文章被毙了!编辑认为拉姆·达斯的理念"令人费解",尽管这篇文章最终在左翼刊物《堡垒》上刊出,但我决定不再进一步写这一主题。不过,在圣约翰大教堂,我还是掏出了采访本。

20世纪六七十年代,拉姆·达斯再一次引起了我的关注,作为一个引路人,他首先是叛逆,其后是将人们引向东方。他在哈佛离经叛道,为学生提供裸头草碱,以高分让他们毕业。六年后的1969年,哈佛大学的一些高年级学生在临近毕业之际纷纷退学,支持抗议学校政策的罢课。

遭哈佛大学解雇后——这让他曾任纽约、纽黑文和哈特福德铁路局总裁的父亲乔治大为光火——阿尔伯特游历印度,之后遇到了他称之为马哈拉的导师。阿尔伯特追随导师有一年之久,以拉姆·达斯之名返回美国,其后开始四处宣扬灵性之路。

《活在当下》在我熟知的人中相传的几年间,貌似好些人已经"上了路"。他们或是学着在垫子上冥想,或是开始吃素、读苏菲派的故事,或是涌到唐人街学太极拳、听拉姆·达斯的演讲。虽说几年后,这些人又开始吃荤,拼命地工作、生儿育女,可拉姆·达斯似乎以一种奇怪的方式左右着人们。

20世纪80年代,美国举国上下沉迷于发财热、认为在哈佛毕业典礼前退学是神经错乱之举之际,拉姆·达斯鼓励人们无私地奉献。我听人说，他一直致力于帮助无家可归者，在救济院里陪伴临终之人，协助发起旨在医治第三世界失明者的赛瓦基金会。这期间，他出版了不下于六本书，但中风前的大多数时间，他都游离在文化视线之外。

《学习做一个会老的人》完成于衰老和离世成为热门话题之际。"婴儿潮一代正在老去，"拉姆·达斯说。"米克·贾格（注：滚石乐队的主唱）正在老去。我在学着如何为他们老去。"书中，他将衰老说成一次接近智慧、知足以及与灵魂紧密相通的机会。他并不仅仅是摆摆理论，而是从一个坐在轮椅上、需要人照料衣食住行的人的角度来写这本书的。

飞往旧金山去见拉姆·达斯的途中，我还心存疑问，他是不是时常发一通无名火、自怜、困惑和绝望？他再也拉不了大提琴、开不了车、打不了高尔夫。他饱受疼痛的折磨，尤其是右臂，还患有高血压、痛风和呼吸暂停，睡觉时得戴呼吸机。夜间呼吸机闪着灯嘟嘟直响的时候，他有没有尖声惊叫过，又气又怕？

让我惊奇的是，在欧米伽学院的会议上，他解答了我的这些疑问。在旧金山凯悦酒店的大舞厅里，他告诉两千名听众，"人人都把我当作一场大病的受害者。但发生在我身上的事，远不及发生在我灵魂上的事可怕。中风磨灭了我的信仰。中风让我远离自己的导师，好似切断了维持生命的养分。"拉姆·达斯的导师逝于1973年，但这些年来，他仍然觉得导师就在他的"身边"。

拉姆·达斯抬起自己的左臂。"我的导师就在这里。他仁慈,他说过要施予我恩典。"拉姆·达斯将手放到身体的另一侧。"这儿,我得了中风。"他看着手从一边移向另一边。"恩典……中风。我无法将二者合二为一。后来我想,也许中风是另一种形式的恩典。"接下来的几个月,他说,中风的影响开始显现。他变得愈发谦卑和慈悲,他只好慢下步调,学会做一个依赖别人而非帮助别人的人。"中风给我上了一课,深奥的一堂课。"他说,"它让我进入的自己的灵魂,这就是恩典。"他放下左手说,"这就是残酷的恩典。"

后来,身边只有保姆和秘书、囿于家中的拉姆·达斯说,这是他第一次"敢于公开说自己失去了信仰"。他皱着眉头,用左手摩挲着无法动弹的右臂。"我的信仰是我导师的慈悲。上帝是慈悲的。我得了中风——这是我身边人都认为的不幸:'可怜的拉姆·达斯。'"

曾做过拉姆·达斯助理十一年之久的马琳·洛依德说:"那是您让我们将马哈拉的照片从您卧室里摘走的时候。"拉姆·达斯点了点头说:"因为一看到这张照片,我就不禁想起被毁灭的东西。"

在卧室的地板上发现拉姆·达斯,以及当医生说他小命不保时,在医院不离左右的正是洛依德和她的朋友乔·安妮·巴汗。一周后,医生为拉姆·达斯做了个测试,以确定他的失语程度,即丧失组织语言的能力。医生拿起一只钢笔问。"这个叫什么?"拉姆·达斯说,"钢笔。"医生指了指自己的手表,拉姆·达斯说,"表。"接着,医生又托着自己的领带。拉姆·达斯瞪着眼瞧着。

"这叫什么？"

"Shmatta，"拉姆达斯说。

拉姆·达斯说的是意第绪语，意思是一条廉价的破布。洛依德和巴汗忍不住大笑起来。医生惊讶地走出了病房。"真是荒谬绝伦的拉姆·达斯。"洛依德说。"这一刻我们知道：他还活着。"

拉姆·达斯接受了数月的理疗、语言训练和水疗，帮他学会与人交流的方法，重新回到这个世界中来。中风后，朋友们发现他在性格上有了明显的转变。他以前时不时表现出的傲慢、高门大嗓和暴躁不见了。欧米伽学院的联合发起人伊丽莎白·雷瑟说："他变得更加快乐和蔼。作为朋友，我能感觉得到他深深的爱和理解。"自然疗法的倡导者安德鲁·威尔博士说："以前我还有些不相信，我并不相信他的观点。如今，作为中风的一个结果，我的确感到他有让我们学习的东西。"

拉姆·达斯能和编辑交谈的时候，他的第一句话就是："你说这本书隔靴搔痒，我明白了。"他说中风让他"关注随年龄而来的痛苦和脆弱"。在修改这本书的过程中，他想告诉人们，怎样利用冥想和完全学习做一个会老的人这一刻的方法来减轻痛苦。比如有人记不起往事，拉姆·达斯会说："现在这一刻，你用不着任何往事，这多好啊。"

《学习做一个会老的人》一书中，在写到摒弃自我、学习做一个会老的人的时候，拉姆·达斯推出了许多灵性的工具。不过，这本书是在突发灵感中写就的。"写这部书的时候，我认为自己能用意念推倒一扇门，"拉姆·达斯说，"在书中，我坚不可摧。"说着，他笑了起来。

尽管语速慢了下来、说话能力恢复得不尽人意,但拉姆·达斯的话仍然妙趣横生,能调动听众的情绪。在欧米伽学院的演讲结束后,主办方打算将他从后台推出去,免得被人群踩了,可他指着如潮的人群说,"我想和他们……谈谈。"

人们围着轮椅,跪着拥抱他、感谢他。有位女读者对他说:"我是一名帮扶中风幸存者的志愿者,我要将你给我的启发带给他们。"拉姆·达斯顿时热泪盈眶,说不出话来。有位保险经纪人说:"感谢你,你总是走在我前面一步。"拉姆·达斯含着泪笑了,"因为我坐的是轮椅。"

拉姆·达斯外出演讲的时间表排得满满当当。是年三月份,他飞往纽约参加一场有关临终关怀技巧的研讨会。著名藏学家罗伯特·瑟曼是阿尔伯特早年在哈佛任教时的故交,其妻内娜是蒂莫西·里尔利的前妻,他将拉姆·达斯比作"走在前列的宇航员或心理学先驱"。20世纪60年代,瑟曼是这么说的:"里尔利带领人们走向灭亡。而拉姆·达斯则发现了一种鼓励人们继续追求美好生活的方法。他还敦促人们乐于助人,免得他们自我放纵。这才是最关键的。"

会上,拉姆·达斯提到有必要将临终当作一种"神圣的仪式",并且创造一个人们能面对死亡的环境,这里的护工"既不害怕,也不会装着什么事都没有发生"。他为大家放映了一段自己陪伴死于前列腺癌的里尔利时的录像。临终前的里尔利瘦骨嶙峋、脸色苍白,但他的眼睛依然闪着调皮快乐的色彩。里尔利坐在垫子上说:"知道自己不久于人世,并且想要死得其所,我就打电话给了拉姆·达斯,因为只有他能理解。"里尔利为自己的身后事做了安排：大脑冷冻保存，身体装在一个围绕地球运行的宇宙舱内。

这段录像是拉姆·达斯中风前一年拍摄的，当时他身穿一件淡紫色的衬衫，翘着二郎腿坐在里尔利身边。"如果你将死亡看作自己融入宇宙最神秘的一刻，那么你就应该为这一刻做好准备。"拉姆·达斯说，"这就是东方传统的精髓——有所准备是让你率真、细致、安宁，不必死死地纠结于过去。你只学习做一个会老的人，自始至终。"

他转身冲里尔利笑了笑，然后拥抱了他。"这真的太有意思了，是不是？"

引言
中风之后，才真正感受到"老"的含义

在当今的文化传统中，人们对死亡讳莫如深，并由此生出了诸多烦恼。于是我创立了"临终关怀计划"，常常去探望临终之人。这些年来，我的父母、继母、艾滋病人以及许多癌症患者，都在我的陪伴下走完了人生的最后一程。我与他们分享自己从另一个层面对顿悟的认识，以及影响我们认识生与死的态度。

我对老去的话题感兴趣，完全出于自身的感受：我在一天天地变老，日渐老去的还有即将"奔五"的婴儿潮[①]（Baby Boomer）期间出生的一代。在崇尚年轻的文化中，老去是众多痛苦的根源，这一问题，正是我决意致力于"明明白白活到老"项目、着手写这本书的原因。

[①] 婴儿潮（Baby boomer），指的是美国1946年到1964年之间出生一代，人数大概在7000万—8000万人之间。——编者注

1997年2月的一天晚上，我躺在马林县家中的床上构思着本书的结尾部分。过去的18个月来，我一直在为这篇稿子整理自己的感受，以及在本县有关老去这一话题的演讲。不知为什么，书的结尾部分叫我一下子没了头绪。我躺在黑暗里，总觉得自己写的稿子不够清晰，无法面面俱到，缺乏足够的依据。我竭力想象自己到了垂暮之年会是什么样子，不像我现在65岁，精力充沛，马不停蹄地到世界各地演讲、做指导，是个公共场合中的活跃分子。我想象自己是一个90岁的老人，也就是说视力不济、手脚不便。我想象这位老人迟钝地观察这个世界时，会如何去想、去听，如何行动，又会有什么样的欲望。我尽力用自己的方式感受"老"这个字的含义，正当我沉浸在这一幻想中时，电话铃响了。幻想中，我仿佛看到自己的腿脚不听了使唤，我起身去接电话，腿一软，摔倒在地板上。在我的意识中，连这一摔都是我"老去幻想"的一部分。殊不知自己得了中风。

我伸手拿起床头柜上的电话。

"喂！是达斯吗？"

我听出那头是圣达菲的一位老朋友。我话说得语无伦次，他问道："你是不是病了？"我没有答话，于是他又说："要是你说不出来，就敲一敲电话。一下表示'是'，两下表示'不是'。"他问我需不需要帮助，我一连敲了好久的"不需要"。

尽管如此，他还是给我的秘书们打了电话。秘书们就住在我家附近，他们很快就冲进了我的家门，在地板上找到了我。那会儿，我还四仰八叉地躺着，沉浸在因腿脚不听使唤、摔倒

引言
-011-

在地的老人梦里。助手们吓坏了，赶紧拨了911[①]。接下来，我记得一群年轻的消防队员冲了进来，盯着这位老人的脸。而我则像个从门外张望的局外人，旁观了这一事件的整个过程。事后有人告诉我，我立即被送到了附近的医院。但我只记得自己被推进了医院的走廊，看着天花板上的管道以及护士和朋友关切的脸庞，我对刚才发生的一切还兴味盎然。

后来我才知道，我得了中风，离死神只有一步之遥。医生告诉我的朋友，我大脑内溢血严重，存活的几率只有10%。我看到朋友、医生脸上深深的关切，但我的脑海里却没有即将死亡的概念，看着他们凝重的表情，我当时还大惑不解。

辗转了三家医院，接受了上百个小时的康复治疗之后，我慢慢适应了中风后的生活：半身偏瘫、坐着轮椅，二十四小时要人照顾，这让我觉得很不自在。我这辈子都在帮助别人，还曾与人合写过一本书，《我能给你什么样的帮助？》(How Can I Help?)。如今，却硬是要我接受别人的帮助，硬要我承认自己需要别人的照顾。由于这些年来我一直专注灵性领域的研究，我总能找出理由，将对身体的漠不关心说成是放下，是从灵性的角度看待肉体。但这只说对了一半。实际是我将自己和肉体一分为二，纯粹将肉体当作灵魂的载体。对于身体，我是不闻不问，想方设法用灵性将身体淡而化之。

从科学的角度来看，是我对身体的冷漠导致了中风。我时常忘了吃降压药，就在中风前一个月，我在加勒比海潜水时，

---

① 911是美国的报警服务电话。——编者注

一侧耳朵莫名其妙地丧失了听力,我也没把这当一回事儿。中风前,虽说已年过六旬,但我自认为年轻有活力,时常去打高尔夫、冲浪、玩爵士乐。病魔粉碎了我的自我形象,却又为我翻开了人生的新篇章。

肉体上受到人们所谓的这一"大辱",你会不由自主地将自己看作一个集各种症状于一身的病包子,而非一个有着正常的精神状态、完完整整的人。恐惧威力无比,而且具有传染性,一开始我也受到了它的影响,担心要是不听医嘱,我一定会后悔莫及。不过,如今我学会了"自己的心灵自己做主"。总的说来,心灵治疗与身体治疗不是一回事,心灵治疗并不是回到从前的状态,而是带着当下的状态离上帝更近一步。

比方说,中风严重损伤了我的语言能力,让我说话总是慢吞吞的,于是我考虑以后尽量少在人前开口。不过听众却认为,我断断续续的话语让他们有机会专注于字句间的静默。如今我的语速越来越慢,听众常常会帮我接下文,从而也回答了自己的问题。虽说我曾将沉默当作一种教学手段,如今沉默却由不得我掌控,让一种漫无目的感趁虚而入,听众得以通过漫无目的感受到内心的宁静。

我的导师曾对一位前来诉苦的客人说:"我爱苦难,苦难让我离上帝更近了一步。"与此同理,倘若我们学会用新的眼光来看待事物,与衰老相关的一些变故也能用到灵性治疗上去,其中就包括我这次中风。

虽说中风在很大程度上改变了我的外在生活,但我却不认为自己是个中风的受害者,而是将自己看作一个旁观别人经历脑溢血后的生活的灵魂。承认了自己的这一状况，我反倒比以前更加开朗了。这让周围的人想不通，他们说我应该努力，重新站起来才是，但我不知道自己到底有没有这个想法。我坐着，这就是我现在的境况。我安详、平和，我对照料自己的人充满感激。这有什么不好？虽然我现在能扶着拐杖站立、行走，但我渐渐喜欢上了轮椅（我管它叫"天鹅船"），喜欢给关心我的人推着到处逛的感觉。中国皇帝和印度王公还要人用轿子抬呢，在有些文化传统中，被人抬着或推着走，是荣誉和地位的象征。

中风前，我曾写过许多文章谈老去引起的问题，以及相应的对策。如今我经历了这些别人眼中的大不幸，我很高兴地告诉大家，那其实并不可怕。

老去并不是一件容易的事。老去既不是普通的活着，也不是垂垂将死。人人都在为这一大限做着抗争，又都为此痛苦不堪。我们必须换一个看待生老病死的角度，一个面对自己能发现的人生障碍却又不因之困扰终生的观点。真正让我们懂得即使遭遇一些坎坷，又能算得了什么。这一切都那么美妙，不论发生什么，我们都要坚强地活着。了解了这些，并不是一切都能迎刃而解。这些问题，在《活在当下》中我详尽地阐述过，但我依然承受着自己的痛苦。不过，灵性的观点可以让你从小处着眼，受益良多，我也希望你能从本书中找到快乐，"学习做一个会老的人"。

最近一位朋友对我说："你比中风前更有人情味儿了。"这句话让我感触颇深。这次中风让我豁然开朗，最终懂得自己无须为了灵性而舍弃自己的人性。我既是个旁观者，又是个当事人，既有永恒的精神，同时又有着日渐衰老的身体。

原本没有头绪的结尾，此刻终于明朗起来。关于衰老，我从中风中得出一个新的结论——"不要做智慧长者，要做智慧的化身"。这一观点改变了游戏的全局。这不仅是一个新的角色，更是一种全新的生活状态。这是千真万确的，七十岁前夕，在关心我、爱我的亲朋的环绕下，我开始学习做一个会老的人。

第一章 · 新的角色

当今文化塑造的观念是让你认为衰老是一种失败，只有神奇的科学和商家才能拯救我们。你能看出这一假设有多荒谬、滋生出多少痛苦吗？我们绞尽脑汁地对付鱼尾纹、眼袋和小肚子，拼命地与不可逆转的老去趋势作抗争。

人生第一张老年票

我从来不怕过生日,主要是我尽量不去想它。生日来来去去,我长了一岁,然后又把它给抛到了脑后,跨进 60 岁的门槛之前,我一直逍遥自在地活着。正是在那一年,我第一次发现自己老了。

大约有 6 个月的时间,我一直试着做个 60 岁的人,以 60 岁的身份想象自己的生活。但半年之后,这一念头恍若幻境,我内心没有发生任何变化,再没有 60 岁或其他年龄的任何感觉。我反倒比从前更加忙碌。我拿定主意,不做老者,重回从前的生活,不去想老去这回事儿。

两年后,也就是我 62 岁那一年,有件事再次为我敲响了警钟。那是 1993 年一个秋意阵阵的傍晚,和好友在林地里走了一天后，我坐在康涅狄格开往纽约的火车上，边欣赏着窗外美丽的新英格兰风景，边想着这一天的种种趣事，觉得心满意足。这时乘务员从过道里走过来查票。

"我要在你这儿补票。"我说。

"请问您买哪一种票？"他问道。

"有哪几种票？"

"全票和老年票。"

尽管那会儿我谢了顶，长了老年斑，还患有高血压和痛风，却从没有想过自己会被称为"老年人"！这一刻的惊讶，不亚于18岁那年，我去酒吧买啤酒，他们居然卖了一罐给我的那一刻。乘务员并没有查看我的身份证，他只瞧了我一眼，就想到了"老年票"。我觉得既好气又好笑，满肚子的困惑，声音也变了调，我尖着嗓子问，"老年票？"

"4.5美元，"他说。

"那全票呢？"

"7美元。"

好，对这一点我是很满意的，不过，占了便宜的满足感很快就消失殆尽。享受了老年票的优待，我真的老了吗？一路上，我都为这个新身份带来的包袱心事重重，感到困惑和不安。这钱省得值吗？老年人！老顽固！这一身份简直就是个束缚。这让我想起了父亲经常说的一则故事。有一天，村子里有位事业有成的商人想要做套衣服，于是他到当地赫赫有名的裁缝张伯那里量了尺寸。一周后，他到张伯的店里取衣服。套上新衣服，站在镜子前，却发现右边的袖子比左边长了两寸。

第一章·新的角色

"哎，张伯，"他说，"这儿好像有点不对劲啊，这只袖子起码长了两寸。"

这位裁缝听不得顾客说这种话，他吹嘘道："我的老先生，衣服没有一点问题，只怪你站的姿势不对。"张伯边说边推这位先生的肩膀，直到两只袖口看起来一样齐。不过，这位顾客再照镜子，发现脖子后面的衣服皱成了一团。"请您行行好，张伯，"这位可怜的先生说，"我妻子最讨厌后背不平的衣服了，能不能麻烦您给改改？"

张伯听了嗤之以鼻："我早说过了，衣服没有一点问题！肯定是你站的姿势不对。"说着，张伯将他的头使劲往前按，直到衣服看起来完全合他的身。付了一大笔钱后，这位先生狼狈地走出了张伯的店门。

那天的晚些时候，他正耸着一只肩膀、伸着脖子在公交站台等车，有人指着他的衣服说："多合身的衣服啊！我敢肯定是张伯做的。"

"你说的没错，不过你是怎么知道的？"这位先生问。

"能为你这样残疾的身体做套合身的衣服，非张伯这位大裁缝莫属。"

"老年人"这一身份就像张伯做的外套，禁锢了一个健康正常的人。

当晚，在哈佛开往纽约的列车上，我翻来覆去地思考着这个问题：自己有关老去的念头到底是打哪儿来的？为什么觉得作为老人就是桩令人不齿的事？我能不能在随之而来的恐惧、失落和迷茫中，制定一套"明明白白活到老"的课程？过去的

35年来，我毕竟在意识以及源于智慧的灵性观点上下过不少工夫，现在我想把30多年来的内心修为用到新生活上。不过，在我找到一个有别于这种文化的应对策略之前（我在潜移默化中接受了老去），我得好好审视一番这种文化的要旨。凭以前在社会学和心理学方面的工作经验，我深知，只有先对某个事物有个了解，才不至于受到它的影响却浑然不觉。了解了自己所处的困境，才能脱下张伯的外套。

正确看待日渐衰老的自己

从20世纪60年代时起，人们对性、性别、灵性这类话题已不再讳莫如深。由于有了助产士和救济院，甚至连出生和死亡都走出了家门，只有老去是当今社会仅剩的禁忌。平心而论，从媒体对老年人的描写中不难看出，当今社会是无视老年人的存在的。由于人上了年纪后消费通常较少，除非是想推销假牙黏合剂和老人尿布，广告商一般都将注意力集中在年轻人身上。有调查表明，电视上每天出现的老年人镜头只有区区百分之三，看到他们将老年人描写成愚蠢、顽固、报复心重，甚至是"可爱"，你会发现这个唯利是图的文化有着对老年人不加掩饰的反感。

在如何看待日渐衰老的自己这个问题上，我们不能小看了媒体的影响。

就拿我手上的斑来说吧，虽说这些斑点对我并无大碍，我却因电视上的词语伤心不已。有位老年妇女在祛斑霜广告中说：

"他们管这叫老年斑,但我却管这叫遮阳①!"看了这则广告,我对身体经历的这一自然过程觉得很不自在。不过,当我在脑海里将这句广告词颠倒过来时:"他们管这叫遮阳,我管这叫老年斑!"幻觉一扫而空,陡然间,它又成了秋天的树叶。

几年前,我应邀去蓓莉(La Prairie)公司演讲时有过切身的感受。这是一家生产高档抗衰老化妆品的瑞士公司。他们听说我一直在做有关衰老话题的演讲,认为有我到场,能提高他们产品的知名度。对这种邀请,我通常是不屑一顾的,否则人们会说,作为一位灵性导师,掺和美容塑身这类俗事,实在是有失身份。但蓓莉开价6000美元,这笔钱对我们基金会赞助的盲人白内障手术意义非同寻常,于是我欣然应邀。

他们安排我在贝佛利山庄②的萨克斯第五大道③为该店的200名顶级顾客演讲。我和其他几位嘉宾坐在一张小桌旁,由一位专家教授皮肤的保养。"我们来做个小测试,"她说,"请将手放到桌子上,用另一只手捏起一小撮皮肤,五秒钟后放开,然后看看恢复原状的速度。如果皮肤恢复得快,说明你的身体很好,否则就有问题了!"我战战兢兢地伸出手,捏起了一小撮皮肤,可等我放开手,那一小撮皮肤还突在那儿,说实话,要不是我把它给抚平了,到今天它还是那个样子。一桌人都惊讶地看着我,想不到居然还有人能这么活着。后来,他们送了我几大罐油膏和面霜来帮我恢复皮肤的弹性。

---

① 遮阳,19世纪流行的女帽上的丝质面纱。——译者注
② 美国加州西南部小城,好莱坞明星集居地。——译者注
③ Saks Fifth Avenue是世界顶级的百货公司之一。——译者注

当今文化塑造的观念是让你认为衰老是一种失败,只有神奇的科学和商家才能拯救我们。你能看出这一假设有多荒谬、滋生出多少痛苦吗?我们绞尽脑汁地对付鱼尾纹、眼袋和小肚子,拼命地与不可逆转的老去趋势作抗争,但注定只有两个选择:健身和美容,为的是抓住青春的影子;或者是落荒而逃,伤心不已,觉得自己像个局外人、受害者或傻子。

所谓的老去问题被四处宣扬。随着婴儿潮时期出生的一代跨入五六十岁的门槛,美国经济能否稳定也开始令人生疑。有人担心社会保障局会因越来越多的老人需要赡养而破产。在经济学家的眼里,老年人不仅仅是个问题,甚至是个灾难,因为老年人无所事事!

要是听听经济学家、政客、社交策划、广告商、统计学家和保健师的理论,铺天盖地而来的都是"老人是一大社会弊病,是不可避免的灾祸、社会的蠹虫,是对美的侮辱"。等我们无法逃避时,就会对老年人采取对待麻风病类痼疾的方法,或者像对待不请自来又赖着不走的客人一样。老年人被当成了包袱,而不是一种资源。贝蒂·弗里丹(Betty Friedan)[①]在她的著作中谈到老去时说过:"对年轻人而言,老年人变得贪得无厌,因为在许多方面,我们让年轻人付出了高昂的代价。"

这一观点的确有失偏颇,它不仅伤害了老年人,到头来也害了年轻一代。我喜欢的一则中国故事将这一点诠释得相当精辟。故事说的是一位老人,老得没有力气下田种地、操持家务。

---

① 贝蒂·弗里丹(Betty Friedan,1921-2006),美国女权运动"第二次浪潮"领军人物。——编者注

儿子耕田除草时，他只能坐在门口，望着远处的田野出神。有一天，儿子看着老人想："他现在这么老，能有什么用？只会坐吃山空。我还有老婆孩子要养活，该了结了。"于是他做了个大木箱，用独轮车推到了门前，对老人说："父亲，你进去吧。"父亲躺进了木箱，儿子把盖子给盖上，然后往悬崖推去。到了悬崖边，儿子听到父亲在箱子里敲了一声，于是问道："父亲，有什么事吗？"父亲答道："你为什么不将直接我丢下悬崖，把箱子留下来？这箱子你孩子以后还用得着啊。"

不论老少都会认为衰老是非主流的，都视老人为异己。美国的文化是由科技主导的非传统文化，我们对信息的重视远超过智慧。不过，二者却有着天壤之别。信息是事实的获取、整理和传播，是外界数据的储存。但智慧却包含了另一种重要的功能：平心静气、敞开心扉、修身养性。在智慧的国度里，我们不仅仅是在分析和处理信息，而是后退一步，察看事情的全貌，辨别哪些相关，哪些无关，然后再权衡事物的含义和深度。真正的智慧在当今社会可谓凤毛麟角，倒往往是一些自命不凡偏偏又没有智慧的专家学者，在心里凭空"创造"智慧。

如果在年轻人向长者寻求智慧的传统社会中待些日子，你会发现其中的差别。我曾在印度的一个小村子住过一段时间，几年后我故地重游，去探望一位好朋友。一见到我，他就说，"哎呀！达斯，你老多了。"由于我是美国人，第一反应就是想辩驳几句，"老天，我还自我感觉不错呢。"可当我仔细揣摩朋友的语气和语调时，这种反应立刻就消失得无影无踪了。我听得出他的话中流露出的尊敬，他仿佛在说："你做到了！朋友。

你如今成了老人！你赢得了老年人应有的尊重，是能让我们依靠和倾听的人。"

在以信息为重的社会里，老年人就像过了时的电脑，无人问津。但人们却忽视了最重要的一点：智慧是人生中难得几样不会随岁月流逝而减少的东西。如果你我检点生活、敞开胸怀接受这一人生教诲，而不是缩进张伯的外套，当人生的一切都在衰退时，唯有智慧会随岁月而增长。在代代相传的传统文化中，长者的价值是显而易见的。但在信息社会里，智慧远不如上网有趣或实用。为了不落伍，我们要不断地学习最新版本的 Windows 操作系统或是到体育馆去健身。我曾在电脑上放了一块牌子，上面写着"老狗也能学会新把戏"。但最近我常常自问：自己到底还有多少新把戏要学？还有多少该死的人生指南要看？为什么不干脆淘汰了事？

诚然，在不尊老爱老的文化氛围中，要体面、得体地被淘汰掉，还真不是件容易的事。有一次，在纽约欧米加研究中心（Omega Institute）的牵头下，我和几位同事举办了一个名为"长者圈"的活动。活动中年纪大一些的人围坐成一圈，年轻一点的坐在后面。我们采用美洲土著的方式，谁拿到发言棒谁说话。一切就绪后，内圈的人走到圈子中心，拿起发言棒回到自己的座位上，然后开始与大家分享自己的智慧。按惯例，要以"我说的是……"开头，以"我说完了！"结束。这是与大家分享自己的智慧、为团体献计献策的机会。明白了人人都是这个复杂的"老人智慧大集锦"中的一部分，在这一过程中，许多人也因此成熟起来。聚会结束时，我常听人说："这种角色我以前从未经历过，因为从没有人请教过我。"话中的深意叫人不禁为之动容，这句话针对的不仅是老年人，还有已经丧失了这一宝贵财富的文化。

要想改变这个现状，只能靠我们老年人自己努力。我们不能奢望年轻人拜服在自己的门下，向我们祈求智慧。作为老年人，我们只能摆脱主流文化强加在自己身上的偏见，牢记自己的使命，主动推动这场变革。要想在当今这个岌岌可危的世界健健康康地生存下去，作为老年人，我们有能力培养持久、耐心、审慎、正义感以及乐观这类品德。

第一批婴儿潮中出生的人在 2016 年迈入了 70 岁的门槛，给改变这种失衡、为当今文化注入长者智慧提供了一个绝佳的契机。全美退休人士协会（年满 50 才能加入）业已成为美国最具影响力的院外活动[①]团体。在民主政治中，"人多力量大"，但我们必须要问问自己，我们该怎样利用这股力量？现在，老去已不再是一个遮遮掩掩的话题，我们该如何提高文化的内涵而又不妨碍它的发展呢？我们又该怎样摆脱强加在老年人身上的不合身又不合时宜的包袱，让他们能够贡献自己的余热呢？

这就是我们所处的困境：怎样在一个一贯否认老年人能提供智慧的文化氛围中挽回智者的身份，以给身边的人启示。不过，要想改变别人，必先改变自己。与此同理，要想找回自我，必先了解当今文化以及主观认识对自己的定位。

---

① 院外活动，就是为特殊利益服务的政治游说活动。——编者注

到了年纪就要服老

我六十多岁时还不肯服老,对身体不管不顾。但有几次经历让我不服不行,至今还有伤疤可以证明。一次是在法属波利尼西亚跟一群二十来岁的年轻人玩冲浪,结果被珊瑚礁划伤;一次是在一个晴朗的日子跟教练打高尔夫,我还当自己跟她一样年轻,从泥泞的山坡上冲下来追球,结果扭伤了肩部的肌腱;还有一次是帮新墨西哥山区的一个朋友造房子,我在流水线上跟年轻人搬砖比力气,结果差点没被累趴下。

于是我去了健身房,请私人教练教我锻炼肌肉。这家健身房以吸引了众多举重爱好者而闻名,所到之处,我都能看见一些高大、肌肉发达的人在镜子前摆姿势,欣赏自己隆起的胳膊和胸膛。我很快就学着他们的样子,挺胸收腹,一幅不可一世的样子。可惜我近视,又没有戴眼镜,看不清自己在镜子里的模样。直到有一天做常规训练时,教练关切地问我:"你没事吧?"我当时自我感觉良好,但她显然不这么想。这时我只能再次承认,我的体型并不是自己理想中的模样,着实可悲。

这让我想起早年父亲送我的一首诗:

白发并不代表你年事已高,
哪怕有人说鱼尾纹爬上了你的眼角。
可等你力不从心时,
说明你走下坡路了,
朋友,你开始走下坡路了。

不管是不是在走下坡路，我的确是大不如前了。

我像个权威人士似的演讲与身体有关的话题，着实是个讽刺。以前我一直不爱惜自己的身体。年轻时，为了地位、财富打拼，我不知不觉地将身体放到了次要位置。那些年，我立志做个超越情感和肉体的圣人（当然，我从来没有做到过）。

自打得了中风，无奈中直接面对自己的身体，我才明白自己以前一直是在自欺欺人。我并没有得到解脱，只不过是在逃避肉身的限制。

中风让我更加了解自己的身体，我最终觉得自己有资格发表一些评论，探讨如何体面地进入晚年，把身体上的改变当做亲近上帝的一条捷径。

接受自己变老的样子，从容貌到体型

一旦上了年纪，对日渐发福的体型不满是许多人痛苦的根源，再受广告、年轻人和一时的新奇事物的蛊惑，痛苦会越来越深。这使得许多老人不顾一切地抵制老去。如果节食和锻炼不奏效，有人甚至会不惜动刀，想尽办法来隐藏自己的年龄。我们应该好好反省一下自己对体型的态度。你不妨问一问自己：如今的身体已经不是当年的身体，那我是谁？我还有哪些东西没有改变，还是不是见证这一过程的"我"？

我无意要你盲目乐观。看着身体一天天老去，人难免会伤心。这就像花开花落，看到自己青筋暴露或光秃秃的头顶这些老去的迹象，你会慨叹时光的流逝，或者暗自伤感，这些都是再正常不过的事。每次看到镜子中的自己,我都会想:"我怎么会是这副尊容。"

可要不了多久,我又忍不住地去照镜子,还得告诉自己:"瞧我的秃头,瞧我的大肚皮,瞧我松垮垮的皮肤。"我只能去看、去接受,怜惜自己的每一寸肌肤。

印度人常说,蛇从不撕破自己的老皮囊;等时机到了,蛇会像脱衣服一样蜕下皮壳。与此同理,如果能认识到自己在依恋过去、悲叹未来,你就能学会体面、乐观地接受自己的衰老,像蜕下蛇皮一样改变先前的模样。但这往往要花些时间。

就拿减肥来说吧。差不多有四十年的光景,我一直在和过度肥胖作着不懈的斗争,摇摆在节食和暴食之间,深陷在注定赢不了的境况中,难以自拔。每次吃奶昔和点心时我都有一种罪恶感,每次抵制住了糖果的诱惑,我都好似被虎口夺了食。等上了年纪,想要减肥更是难上加难。一旦任由自己想吃就吃,肚子就会越来越大,让人很难释怀。

后来的一次经历改变了我。那次我在一个名叫"犹太人之家"的夏令营讲了一周的课。星期五的傍晚,我和夏令营的男士一道行浸礼,这一仪式先是在热水池泡,然后再转到游泳池里。浸礼时每个人都要裸体。在场的男士有老有少,我环顾四周,突然发现许多人和我一样,有着一副东欧农家后代的身材。我这才明白,自己大半辈子都在为之奋斗的体型是由遗传决定的。于是我不再有瘦身的冲动。没过多久,不用节食,我的体重就定格在 215 磅(195 斤)左右。统计数据显示,这仍然有点偏高,不过我不在乎,我用不着一心想着瘦身这回事了。我学着去接受大肚皮，而不是想着怎么把它给去掉，我因此觉得一身轻松，但这也为我以后的残疾埋下了隐患。

心有余而力不足时，就慢下来

我们不妨用同一个观点来看待因衰老而逐渐丧失的体力。不论是否得过重病，年老体衰都是不可避免的事。

我辅导过的人都说，发现自己做事越来越没效率，心里不免有一股强烈的失败感。每做一件事都要花上以往两倍的时间，这种步调上的变化让他们倍感气馁和沮丧。他们非但不接受"老马已没了当年的雄风"的事实，反而自加一鞭，把自己推向极限，或者就此一蹶不振。

建议大家慎重地面对这些问题。你觉得累了，比如说没有力气、头有点疼，就要留意身体。与其拼掉老命，还不如停下来告诉自己："噢，没力气啦，我知道了！我先等等，慢一点，要不就停下来。"累了就累了。读着这本书，或者忙了一天，也许你现在就觉得累了。那就请你闭上眼睛，感受这份疲劳。

我在日本见过一种非常有趣的装置，专门用来观察自己对身体变化的反应。这套装置叫"浦岛太郎装"，由大小不等、绑在身上的铅锤组成。这些铅锤会让你感受老年人日常生活的不便，比如上卫生间。刚套上这副行头时，我就对内心的抗拒感到震惊，因为这和我一贯的感觉有着天壤之别。我一直想着"太可怕了"，无法把这仅仅看作一种不同的感觉。

有一位很活跃的85岁老人曾向我诉苦："我现在什么都做

不了。早晨起床、洗漱、穿衣、服药、吃完早饭之后，我就累得不想动了！"还有一位朋友，也是个一刻不停的活跃分子，有一次打来电话告诉我："不知道怎么了，一天到晚就想躺着。可还有好多事情等着我呢！"

"那有什么要紧事吗？"我问。

她列举了一大堆事，然后说："噢，太多了！"

我对她说："我觉得你唯一该做的就是躺下来。你能不能把这事加进自己的日常安排？"不久后，她打电话告诉我，说非常喜欢这种"有效率地闲躺着"。

我们应该问问自己，疲惫时是不是应该放慢脚步，留意这一刻，品味这一刻，接受这一刻。这种方式就是要让你慢慢来，最终留意当下。精力上的这些变化，往往就是在暗示我们在渐渐老去的过程中，应该静下心来好好反省一下自己。在印度，这是人们卸下肩头的责任、专心修行的时候。年轻时实在太忙了，我们不可能这么做。但现在身体机能退化了，是该听听体内另一个你的需求的时候了。从灵性的角度来看自己的身体状态，你能看到更为生动的一幕。"我哪儿出问题了？"紧接着是"我怎么解决这一问题？"然后是"这一刻给了我什么启示？我怎样利用慢下来的速度来调节自己的心灵？"

为了迎接这一时刻的到来，我们可以做许多练习。之前我提到过一个观察疲劳的练习。我这里还有一个在亚洲已经沿用了数千年的修行方法，亚洲人称之为"行禅（walking meditation）"，也就是走路。行禅到底能让人参悟什么？可能什么也没有参悟，也可能参透了万事万物。如果你为琐事所累，无法静下心来，行禅能让你抛开烦恼，抽出时间来观察身边的一切。如果你生活的社区没有人修行，或者身边没有僧众，不妨找几位志同道合的人一起试试。刻意慢步行走，也许会吓到别人，所以要慢慢来。行禅时，双手可以轻轻地握在一起放在身前，也可以放在背后，眼光要落在身前三尺的地方，静静地体会你迈出的每一步。留心观察你脚踝、脚后跟、脚趾头的每一个细微动作。感觉另一只脚踏出时，身体重心的转移。留意伸出的那只脚要踏下去的感受，首先是脚跟，接着是脚背、脚趾，然后是重心的移动，接下来是再观察另一只脚。这个时候，你能感觉得到自己的呼吸，知道自己在想些什么。你的脑袋可能会乱哄哄的，这没什么大惊小怪的，只不过你从来没有静下心来听罢了。与其行走不便时被它吓一跳，还不如自己提前一步，放慢脚步去聆听这些嘈杂的声音。这些年来，我练习了不下数百个小时的行禅。迈着这样的步子，内心会有一种非常惬意的安逸感。这一练习对年迈体弱以后行动迟缓、只能放慢步调走路大有帮助。

列一份衰老可能带来的"麻烦清单"

除了行动迟缓，老去还面临着许多问题。中风前，我曾列过衰老带来的"麻烦清单"，对着这张清单来思考自己到底最怕什么。我像念祷文一样慢慢地念着这份清单，每念一项，我都要停下来感受一下它对我的影响，从心底里坦然面对这些恐惧。

我列的清单如下：严重的关节炎、坐骨神经痛、长期失眠、便秘、高血压、动脉硬化症、癌细胞扩散、肺充血和呼吸不畅、失明、肌肉萎缩、大小便失禁、失聪、前列腺癌、慢性疼痛、骨质疏松症、动脉瘤和中风。读着清单，我知道了哪一项对我打击最大，然后又花时间来仔细思考如何应对这种境况。看看改变观点能不能消除恐惧。

比如说，长期失眠一向是最令我头疼的问题。我会时不时地失眠。和大多数失眠者一样，我害怕漫长的黑夜，害怕在床上辗转反侧。记不清有多少个夜晚，我睡不着，担心第二天没精打采、提不起精神上班；又怕服了安眠药，第二天会昏昏沉沉。可当我静下心来反思失眠、不再受它所困时，才明白烦恼都是自找的。我完全可以在失眠这段时间做别的事，比如练瑜伽、观察自己的呼吸、听听轻音乐、看看书或者泡澡什么的。这不是说我不想睡觉，而是正确地对待失眠，可以减轻痛苦。这让人想起了拉姆·达斯大爷，一位和我同名的印度人，他在神庙外被蚊子骚扰了一个晚上，但他却说："神啊，感谢你让我一个晚上都醒着想你。"

我们也许一辈子都做不到那么圣洁，但至少可以转变因病痛产生的观念和态度，以此来缓解自己的痛苦。摆脱痛苦有两种方法：观察和接受。当你认识到眼前发生的一切时，你也许会感到不安。你要仔细品味这一刻，接受此刻的失眠、肚子痛、头疼之类的一切。然后想想你的邻居也许有着同样的难处，想想你的家人和朋友、同一座城市的人、同胞以及世上的所有人，也许他们都有和你一样的烦恼。人人都和你一样，不想遭受痛苦。你不是一个人在承受苦难。

这么说并不是要你一味地想消极的东西，而是要你用接受来平抚惯常的逃避、畏惧和忧伤。等发生了这种状况，你可以用"如此而已"这种平常心来对待，而不是畏首畏尾。说到接受衰老的痛苦，人人都有一套自己的方法，有人用幽默，有人通过分享，还有人凭借修行。但不论采取什么方式，你都能安享晚年，用不着怒火攻心、病病快快、一味抵赖。

在《写在八十二岁的日记》（*At Eighty-two A Journal*）一书中，作家梅·萨彤（May Sarton）毫无保留地描写了自己晚年独居生活的内心世界。她拖着病体度日，养花种草，用录音机记录自己的感受，她这样写道：

"今天又是个好天气。好久没有录音了，最近身体很疼，又有了一阵绝望感，不知该如何是好。不过这两天好了些。今天的肠胃比较正常，真的要感谢上帝。

"痛苦来时，就算忍着痛，还是要做自己该做的事。昨天我就是这样去种花的。当然，种花的快乐让我一时忘了疼痛。今天我打算种三株刚送来的蔫巴巴的鸢尾花……

"又是难熬的一天。我真想一走了之。这样我就不用眼睁睁地看着园子里的花枯萎了……

"尽管今天在信箱里发现了这个好东西，但由于消化不是很好，我还是快乐不起来。我本以为这个问题早解决了。昨天和今天都痛得厉害，不知道该如何是好……

"真的叫我进退两难。昨天晚上上床时心里很难过，身边危机四伏，随时都有可怕的事发生。"

萨彤毫不掩饰自己的心情，即便是在她最绝望的时候，你也能看到她在积极地观察整个过程。尽管观察自己的经历并不足以完全消除她的痛苦，却能缓解这一状况，不致被它击垮；这一练习为她开辟了一方真诚的空间，让她从痛苦中创造了美。

实事求是地对待衰老引起的身体问题

中风后，我开始收集各种治疗方法，有传统的，有偏方，也有灵性的。还有朋友写信或打电话为我推荐这样或那样的疗法和药物，然后我再与医生讨论。有些我采用了，有些则弃之不用。

有位朋友推荐了一种增加大脑氧分的疗法。为此我专程来到贝佛利山。我走进一间治疗室，只见里面满是像电影《2001太空漫游》(*2001 A Space Odyssey*) 中的太空舱似的高压氧舱。病人要爬进高压氧舱中，在里面待上一个小时。我总共做了二十个疗程，在里面不是听音乐就是打坐。这里什么病人都有，有像我一样的中风患者，有来做减压病[①]康复治疗的潜水员，还有美容手术后为快点康复而来的人。真是一派富贵忙碌的景象！

我自己的治疗则是博采了众家之长：导师、药用大麻、数位巫医的帮助、针灸、生物反馈、一种名为乙酰胆素（Acetylcholine）的实验药品、形形色色的药丸、物理疗法、费登奎斯工作法（Feldenkrais）、语言疗法，但最重要的是大家的呵护！

---

① 潜水员浮出水面过快造成的一种病。——译者注

我经历了心灵治疗和身体治疗两个过程。身体治疗旨在让身体恢复到从前的状态，而心灵治疗则是对当下的深刻感悟，在某些情况下，也能改善身体的状况。

　　我在前面说过，尽管留下了中风后遗症，但我的心灵的确有了深刻的变化。过去的这两年，可以说是我这辈子最快乐的日子。对"自我"而言，这似乎不可思议，好像是我为了应对痛苦杜撰出来的一种方法和幻象。

　　"自我"只是你的一部分，不妨从广义的角度来看待身体和老去。当你转而从灵性的角度看待自己的身体时，会有截然不同的感受：你不再悲叹失去的青春，而是惊叹现在所拥有的。如果你知道自己所拥有的不仅仅限于身体，你就会无所畏惧、充满同情、大大方方地谈论疼痛和痛苦。将身体看作大自然的一部分，你就不会像从前一样害怕死亡，甚至能学着爱惜自己的身体，品味从年轻到变老这一过程中不同寻常的美。

　　说起来容易，做起来难。不管你承认与否，对身体老去的恐惧，不过是想掩饰自己对死亡的恐惧罢了，有关这一点，我将在第七章中详加论述。至于眼下，我们必须知道，自己对皱巴巴的皮肤、松弛的肌肉、"不争气"的身体的愤恨，皆源于"自我"对"死"字本能的反应。身体是死神的驿站，你要想在江河日下的身体里与它相安无事，最好记住自己与它的关系。等你到了七老八十，感到身体不适时，你所面对的不仅仅是容颜衰老、身体机能衰退这么简单：在与身体的对抗中，你面临的是死神迟早要降临的征兆，你会恐惧、自暴自弃或无视身体，这无异于斩杀了送来坏消息的来使，因为"自我"这位大王不想听到"死亡"这两个字。

具体说来，许多人的身体已出现了严重的问题，又怕其他问题会接踵而至。这些事能不想，谁都不愿去想。一旦环境逼着你去面对它时，你会觉得胃部痉挛、胸口发悸、心神不宁。回避恐惧，只能助长了恐惧的威风。实事求是地对待对老去引起的身体问题，可以说不无益处。

疼痛是最大的强敌

就我个人的经历来说，疼痛是个强敌。中风之初，我的身体变得僵硬、麻木，但医生给我的药却不足以止疼。但我仍然努力保持清醒，不让恐惧感占上风。我知道，一味地恐惧和憎恨，只能让你无法面对疼痛。

多数人都有过痛苦的经历，可以认清随年龄而来的极端痛苦。还记得多年前，我得了严重的肝炎。当时我身在喜马拉雅山一个偏僻的小旅馆里，没有电、没有汽车，也无处可去。不知什么缘故，腹部疼得我满地打滚。我首先想到的就是："找个医生来，快拿药来！"一方面，我陷入了极度的恐慌。与此同时，我又念叨着神的名字，"拉姆、拉姆、拉姆"。一旦承认除了念诵神的名字，我别无办法，奇妙的事随即发生了。尽管疼得厉害，但我全然没有理会这一恐惧，挺过了这一难关。

伤害你的不是疼痛，而是对痛苦的恐惧。疼痛会让你疲于奔命，采取种种不理性的行动，比如冲家人发脾气，或者不肯去看医生，请医生找出疼痛的病因。我相信，大家都有过这样的经历。如果疼痛再次来袭,你不妨试着去接受它。疼痛告诉你应该注意自己的身体,既来之则安之。你可以试着像对待失眠、疲劳一样对待流感。想象你发烧时滚烫的皮肤和疼痛,觉得浑身没有一丝力气。当你仔细观察堵塞的鼻孔时,你会有一种轻松感。不仅没有疾病带来的痛苦,还有时间好好休息一下。如果可能,你还可以想一想世上遭受同样苦难的人,祝他们早日康复。

你会发现,只要接受了疼痛,你也就接受了自己的灵魂,因为只有灵魂才能战胜疼痛和对疼痛的恐惧。如果你能从容地面对疼痛,而不是对这一感受退避三舍,你的痛苦也会随之发生变化。乐文夫妇(Stephen Ondrea Levine)在研究冥想和疼痛方面做出了重大的贡献,创立了一套旨在接受疼痛而不是将疼痛视为敌人的冥想方法。二人的研究成果表明,人们对疼痛本能的抵御,在自己和疼痛间筑起一道城墙,只会加深自己的痛苦,生出更多的恐惧,担心一旦没了这道屏障,自己会伤得更深。做这套练习时,最好从小的痛苦开始,这样一来,大的痛苦来袭时,你就能凭借以往的经验从容应对。

不论病痛有多深,但如何来面对却由你选择。这样的例子不胜枚举。我有一位患严重关节炎的朋友,终日里郁郁寡欢,念念不忘过去。他担心病情会恶化,不知道接下来会发生什么事,为因此而改变的生活懊丧不已。我理解他的感受,同时也看到是他自己毁掉了自己的宁静。如果能学着从灵性的角度来看待关节炎,那他就用不着恐慌、绝望和愤怒,他会对自己说:"我得了关节炎,我会去找医生,看看他有没有办法治。同时,我也不再老想着'要是没得关节炎'就好了。我还会安慰自己接受爬两层楼梯就爬不动的膝盖和水瓶盖子都拿不住的手指。"

我的另一位朋友休斯顿·史密斯就是这么做的。快八十岁那年,他得了严重的面部疱疹。我打电话探问病情,他只是说:"看来老天打算要我学点别的了。"

摆脱对重度残疾人士的恐惧

这些年来,通过与各年龄层次、有着各种残疾的人相处,我的身心受益匪浅。如今我认识到,这段经历对我"明明白白活到老"大有帮助。因伤致残也好,因疾病致残也罢,都无所谓,因为其结果是一样的。我把这些人当作最好的导师。凯利就是其中的一位。

十岁那年,凯利的头部被棒球击中,致使他颅内积液、颅压升高,接着又在急救室里遭遇两次误诊,最终导致他四肢麻痹,二十四小时离不开人照料。我见到他时,他已年届三十,尽管身体极其不便,但他仍然坚持完成了大学学业,生活非常充实。他兴趣广泛,爱交朋友。那次来听我演讲,他耷拉着脑袋、流着口水坐在轮椅上的形象引起了我的注意。虽然他无法开口说话,但在助手的协助下,他可以在写字板上写出自己想说的话。凯利通过写字板告诉我,他不知道如何应对自己的愤怒和沮丧,希望得到我的帮助。从此我们开始了一段长达八年的友谊,直到他去世。

一开始,我的确无法与凯利相处。说句实话,我一周拜访他两次，六个月后我才能心平气和地坐在他的身边，不再对他畸形的身体感到痛心疾首，最终得以和他在灵魂上相遇。凯利的灵魂就在他残缺的身体内，但并不受他残缺的外表限制。发生了这一转变后，一切问题都迎刃而解了。我俩的灵魂得以在这肉体的痛苦中相遇，彼此充满感激之情。

有一次演讲，凯利请求由他来介绍我。一开始我有点担心，不知道会有什么后果，但我最终还是同意了。凯利被推上台时，观众席一片哗然，继而是极不自然的沉默。在助手的帮助下，他在写字板上一个字母一个字母地写下了他对我的介绍。当助手读出"R.D（凯利对我的称呼）说，我们不仅限于自己的身体。阿门！"观众们报以了经久不息的掌声。

凯利帮我摆脱了对重度残疾人士的恐惧，也帮自己摆脱了愤怒。我发现他体内有一个饱经沧桑后即将重获自由的灵魂。最近，我又碰到了另一个机缘，这是一位三十多岁的年轻人，患有晚期肌萎缩侧索硬化症（ALS），这种病也叫作"葛雷克氏症"（Lou Gehrig's disease）。我见到他时，除了面部，他其他部位的肌肉完全无法自控。他是通过表情和我交流的，撅起嘴唇代表句号，竖起眉毛代表一个长笔画。第一次坐在病床边和他"交谈"，与第一次见到凯利时一样，我发现自己有一种因同情而起的幽闭恐惧感。对他残疾的身体，我想不同情都难，就如同人们现在同情我一样。但等我慢慢平静下来，坐在他身边，把手放在他的手上，我俩陷入了深深的沉默。我心中的焦虑平息了，在这一刻，我仿佛沐浴在宁静、祥和的光芒中。等我睁开眼睛，他用表情告诉我："好光明，好平静。"这一刻，我俩无拘无束。

制定一套应对严重疾病的方案

虽说我片刻的同情并不能与他人日复一日的苦难相比，但这却表明，心灵上的认同能赋予艰难的生活以长久的美。见到别人能接受身体上的大变化，能激发你对自己重获灵魂自由的感恩之心。此外，如果学着将自己的情绪和凯利身体上的不便分开，想着他的遭遇，但又不用为之伤感，就可以更坦然地面对自己的身体问题了。你要学着留意自己的身体状况，并抱有深深的同情。如果连自己都不同情，又怎能善待他人？

等你年老体弱、得了不治之症时，首先要知道该如何面对。老年人大都对此类话题带有一种迷信色彩的反感，不过，如今我们了解了人要明明白白活到老，可以毫不客气地无视这一迷信了。生老病死是人之常情，年龄越高，越容易生这样或那样的疾病。作为有意识的动物，我们当前面临的难题是怎样明智地应对这种变化，当务之急是制定一套应对严重疾病的方案，因为疾病迟早会降临在你我头上。

大约十年前，麦克阿瑟基金会将"守护神奖"颁给了迈克·勒那（Michael Lerner），这位杰出人士的工作是帮助癌症患者。谈到如果自己身患癌症时的态度，他的一番话让我感触很深：

"如果得了癌症，我会反省生命的意义，哪些该放弃，哪些要保留。

"我会挑选一位好的肿瘤专家。我有亲朋好友，不需要他同情我，但我希望医生能仁慈一点。他必须对此类疾病了如指掌，能耐心回答我的问题，了解我参与医疗方案的愿望，支持我采取辅助疗法，临终时能为我治疗，在感情上陪伴我。

"我会采用一切有机会康复的传统疗法，但我不会选用还在试验中或副作用大而疗效差、危及生命的药物。

"我会采用辅助疗法。加入一家好的慈善团体，找一位有经验的心理医生。这些年来，我一直吃素，但我会想办法增加自己的营养。我会冥想、练瑜伽，在森林、海边散步，去爬山，多花一些时间亲近大自然。

"我肯定会去看中医、吃草药、做针灸。

"我会不惜一切努力好起来、活下去，但我也会注重自己心灵的成长，用平静的态度来面对死神。

"我会和珍爱的人相伴，多花一些时间看书、写作、听音乐、侍奉上帝。我要做一切力所能及的事，不让身后留有遗憾。我不会在以往的工作上浪费时间，我会以适当的方式卸任。

"我要按自己的方式活，接受这种无法逃避的痛楚和悲伤，但我会努力寻找其中的美、智慧和快乐。"

尽管迈克没有用到灵魂或见证这类字眼，但他不偏不倚的观点清楚、全面地反映了他面对疾病的态度。尽管他要采用西医，但也会辅以对抗疗法；尽管他会努力恢复健康，但他不会无视艺术和友情对心灵治疗的作用。这种身体和疾病的结合，反映了我们培养多元化意识、明明白白活到老的需要。我们应该给身体适当的关心和尊重，以免它的多变主宰自己的人生。我们大都遇到过人生仅剩下病痛、恐惧和抱怨的老人。我曾在佛罗里达见过几位老人坐在椅子上谈论自己的疾病："唉，我胆囊不行了！唉，我肝也不好！哎呀，我肾也不中用了！我肠子好疼，我的心脏也做过手术。"这简直成了"器官大合唱"。发生这种情况有两个原因：第一是退休后，孩子已经长大成人，自己又无所事事，终日里只想着自己的身体；其次是由于时常有个小病小灾，自然就引到了这类话题上。

这一陷阱往往是由身边的人无意中所设的，他们的同情对寻求关注的"自我"来说，是个绝佳的牢笼。自从得了中风，我一再提醒自己不要接受他人的同情，免得落入这个陷阱，成为他们为我设计的病人、受害者或英雄形象。几年前，我去医院动一个小手术时，就有过这样的教训。朋友们一听到"手术"这两个字，就赶紧寄贺卡、送花、送鸡汤，对我倍加关心。仅仅因为一个小小的手术，我就被礼物和一些好心话给包围了，说什么"要当心啦！""别做这做那呀""你有什么事尽管说""你肯定自己没事吗？"等。自那以后，我看明白了，也得到了教训，他们的关心出于好意，但也很容易将我引入歧途，让我开始扮演病人这一角色，深陷不属于自己的世界，难以自拔。

为了脱离这一自怜的陷阱，我试过各种应对同情的冥想方法。我敞开了心怀，想着和我有着同样遭遇的人。我相信自己的意念有一种神圣的力量，带着这种信念，我对他们说："嗨，你不是一个人在受苦，我们都陪着你呢。"

这样一来，不仅是你的身体发生了变化，你的一举一动、与周围人的关系也发生了转变。随着这一关系的改变，你可以好好审视一番自己在家庭、社会乃至整个世界中担当的角色。

第二章 · 学习做一个老人

随着年龄的增长,你会相信老年人应该按照别人的指点去想、去生活,"自我"让你觉得自己比年轻时更加渺小。但只要花些时间学习和思考,坚定意志,你也能按自己的方式安享晚年,利用不断变化的环境来造福社会和自己。

中风初期的生活变化

20世纪60年代迷幻药兴起时,我是个"急先锋"。70年代国人接触东方宗教时,我曾是个卫士。80年代,我开创了"因果瑜伽"这套灵性修行方法,因为它比传统的禁欲更加适合西方人。到了90年代,由于长婴儿潮一代几岁,我这个"前辈"领先尝到了摆在众人面前的难处——老去。中风变成我要和大家分享的经验。

当然,中风并不等同于衰老,我并没有因中风就老了一岁。不过,中风却为我掀开了老去进程中新的一页。老去的终结篇是死亡,中风给了我一些这样的感受。老去始于60岁吗?这没有好什么奇怪的。那老去始于90岁呢?这就大不相同了。这时候,死神近在眼前。中风使得我向前迈了一大步,有机会好好思考一番生与死，而这一问题通常是人在晚年时迫不得已才开始思考的。

中风宛如一把武士刀，将我的人生一劈两半。中风是人生两个不同阶段的分水岭。从一方面来说，就像是我一生中经历了两次人生，这一个是我，那一个是"他"。这种观点是我修行的一个重要部分，正是它让我接受了中风这一事实。这种观点让我免受攀比之苦，不去过分贪恋因手脚麻痹而做不了的事。"前半生"中，我有一辆手动挡的MG[①]、高尔夫球杆和一把大提琴。"后半生"，这些东西我都用不上了。

中风前，我对老去充满了恐惧，其中最大的恐惧莫过于随时会身患各种疾病。甘地说过，只有直面恐惧，你才能见到上帝。中风让我挺过了最大的一关，如今我可以告诉大家："人们唯一恐惧的，其实就是恐惧本身。"

本章可以说是恐惧的一剂解药，因为看过我的经历之后，你心中会有一个方向。这就好似你在一艘临近险滩的木筏上，而我刚刚穿过这些险滩，我的经历也许能为你提供一些有用的经验。

我愿意现身说法，将我多年来的教训公布于众，为大家指引一下方向。

我把疾病和死亡比作"险滩"，因为这是人生的一大转折。"转折、转折"，转折是老去的咒语。当初我无法落笔书写衰老，正是由于我从未经历过一次深刻、剧烈的转折。

---

① 名爵（MORRIS GARAGE，简称MG）成立于1924年，是英国汽车品牌，主要生产敞篷跑车。——编者注

这些年来，我不止一次地试着直面恐惧，其中主要是死亡的恐惧。我曾去过印度贝拿勒斯（Benares）的火葬场。我盘腿坐在恒河边，四周是正在燃烧的尸体。我闻着尸体燃烧的焦味，看着长子用棍子敲开父亲的头颅，放出他的灵魂。通过这样的练习，我克服了对死亡的恐惧，但我的心底却涌动着一股暗流：我已经六十多岁，快"到站了"。

如今经历了这次中风，我反倒无所畏惧了。中风消除了我心中的恐惧。

我得中风的原因是多方面的，包括咎由自取的不良生活习惯和灵性上的原因。不过，从科学的角度来说，主要还是我一直以来对身体的疏忽。我这半辈子都忙着将意识和肉体分开，至少我认为自己是这么做的。现在我才明白过来，我是如此疏忽了自己的身体：忘记吃降压药；漠视在加勒比潜水时显露的早期症状；还有超负荷劳动，不管有多累都从不说"不"⋯⋯这一切都说明了我是如何不爱惜自己，对身体不管不顾的。

中风后有一段日子，我什么也不想，就只是观察。有位朋友说我当时总是睁大眼睛，好奇地看周围发生的一切。

外在和内在的认识有时候是截然不同的。我处于医生所谓的"无反应状态"，他们认为我也许活不了了。从外界来看，我是他们高兴和担心的对象；从内里来看，我只是平静地漂浮着。我的身体就在现场，但它与我毫不相干。这就像站在窗户外面，看见里面有医院、我、医生以及各色人等，这时候我还真有点晕晕乎乎的。

没过多久，我的思维又开始活跃了起来。为着"中风在大脑的什么部位？有多严重？"这些问题，我担心了好一阵子。有很长一段时间，我都无法找到准确的答案，心里七上八下的。中风后，膝盖、髋部、胳膊、脚踝接二连三地失去了知觉，我不知道接下来会轮到哪个部位。我也不知道疼痛会持续多久，是几天、几个月，还是几年？我担心要是以后终日都得坐在轮椅上，不能像从前一样走路、活动，我该怎么办？这一系列问题带来的是深深的恐惧。

　　为了战胜恐惧，我转而求助于各种修习。中风让我想起了这些年来学过的各种方法：冥想、内观①以及智能瑜伽，等等，在不同的时间和场合我都用上了。但在最关键的时候，玛哈拉的"我不是这个身体"派上了用场。于是我留意身体的每一个部位，然后说"我不是这胳膊，我不是这条腿，我不是这个大脑"，免得我心里总想着恐惧和不能动的身体。

　　在随后的几个月中，我还真得感谢这个练习。不过，虽说"我不是这个身体"妙不可言，但它只是豹之一斑。中风给了我深刻的体会，虽说我的确不仅限于这个身体，但我也就是这个身体。中风引起的瘫痪、失语和疼痛等一连串症状，让我强烈地感受到了自己的身体。中风让我"着了陆"，一方面，我了解了这个世界和自己的身体；另一方面，我也被困在了家中。以前我一直在各地游走，可如今坐上了轮椅，旅途也就没有多少乐趣了。这场病让我"安分"不少，同时还告诉了我一个人人皆知的真理：回家真好。

---

　　① 内观（毗婆舍那，Vipassana）在印度巴利语中，意思是观察如其本然的实相，是印度最古老的禅修方法之一。——编者注

以前我一直四海为家，有一次，我参加了赛瓦基金会发起的一项慈善活动，这项活动在全国六十座城市巡回举办。活动临近尾声时，我已离家好几个月。有一天晚上，我在汽车旅馆的房间里喃喃自语："再过一个星期，我就要到家了。"紧接着，我就回过神来：我发现这么想实际上是在自寻烦恼，因为我没有学习做一个会老的人，而是在烦躁地想着未来。于是我拿出了导师玛哈拉的照片等物件，把旅馆的咖啡桌布置成了一个小小的祭台，然后拿上钥匙，带上门走了出去。我来到走廊的尽头，然后转身走到门口，推开门喊道："我回来了！"

当时我漂泊四方，这套方法还真管用。如今，家是我情感的港湾。如果小动物受了伤，它会回到自己的洞里舔伤口，因为它需要一个能够保护自己的地方。我以前从来不知道这个道理，从没想过旅馆并不是一个理想的环境。

为轮椅所困确有不便之处。由于不便出门，我也无法像以往一样顺道拜访在波士顿、纽约等地的朋友。不过，轮椅也有轮椅的惬意，我甚至觉得有点离不开它了。有了车谁还愿意走路？参加宴会时，谁不想找个地方坐着？非出远门不可时，我坐着轮椅飞驰而过，"嘟嘟嘟！"地警告来往的行人，轮椅这会儿还真成了我的轿子。

当今社会中，残疾已然成了一种社会地位和政治资本。我曾坐着轮椅参加过许多游行示威。我还曾与科维克[①]一道，摇着

[①] 罗恩·科维克（Ron Kovic），美国作家、越南老兵、和平组织和活跃分子，电影《七月四日诞生》（*Born on the Fourth of July*）就是根据他的故事改编而成的。——译者注

轮椅并肩走在游行的队伍中。这是一种全新的角色，我成了另一种象征，因为残疾具很强的象征意义：负面的，如残疾；积极的一面，是我提出应在停车场等公共场提供方便残疾人的设施等。

事情的发展往往就是这么奇妙。有一次，我去一家退伍老兵中心参加一个会议，这里非常注重残疾人的福利。结果是，我的轮椅虽然能进入他们为我安排的房间，却进不了浴室，因为浴室门太窄。他们得知后是一连声地道歉，然后专门为我做了一张可以在浴缸里用的小椅子。会议一结束，他们立即请来设计师重新设计浴室。这说明人们逐渐意识到了残疾人面临的种种不便。

轮椅还让我经历了一件有趣的事。有一天晚上，我应邀参加一场鸡尾酒会。这是一场来宾都要"站着"的盛会，当然我是个例外。结果我发现，人人都在上面交谈，唯独我一个人在下面。偶尔也会有位好心人蹲下来和我交谈几句，这会儿我才能看到一张脸。但大部分时间，我看到的只是一群"臀部"参加的盛会。

除了把我困在轮椅上，中风还留下了一个后遗症——失语，一时找不出恰当的词语来表述事物。正值信息时代来临之际，我竟得了失语症！对以演讲和著书维生的人来说，这是一个怎样的转折！说话是我的营生，而我竟然得了这种病，上苍真的太不公平了！

从当事人的观点来看，失语症并不是失去了事物的概念，而是失去了修饰概念的能力。这就像一个更衣室，语言是为概念穿上衣服，中风则关闭了这个更衣室。

由于概念与语言脱节，我虽有概念，却表达不出来。我花了很长一段时间才认识到大脑和表达能力的区别，也就是说头脑清楚却语言模糊。

失语症在我与人交流的过程中常会插入一段段沉默，听者可以利用这个间隙来平息自己的心境。我们一起在沉默中徜徉，在这个过程中，他们找到了自己的答案。我惜字如金实属迫不得已，但这让我明白了什么东西能在沉默中传递。当语言来之不易时，我需要尽量切中要害。因为我现在没有精力像以往那样说那么多题外话。

做个旁观者，而不是被疼痛左右

在印度期间，我曾和哈里达斯老爹（Baba Hari Das）一起练习过禁语，我们通过各自挂在脖子上的小写字板交谈。如果用这种方式交流，你就得言简意赅。少说有益，说的就是这个道理。

此外，我还发现了一个有趣的现象：当话不再脱口而出时，语言也变得雅致起来。慢下来的语速使我的话充满了诗意，我不知道这是否与中风有关。中风削弱了大脑负责语言和分析能力的左半球，也许该是大脑的右半球走上舞台的时候了。

除了半身不遂和失语症，中风带来的另一大后遗症是疼痛。中风让我和疼痛有了亲密的接触，我发现疼痛反倒成了我灵性成长的好帮手。正因为和疼痛不断抗争，我的修行才达到了巅峰。

　　我曾患过肝炎、肾结石，扭伤过跟腱，感受过各种各样的疼痛。那这次又有什么不同之处呢？首先是环境。在医院里，医生护士又是开药又是什么的，对疼痛表现得过于敏感。不过，他们并不知道什么时候该用药，于是不断地问你："你痛不痛？你痛不痛？"这反倒让人一心记挂着疼痛了。其次是疼痛持续的时间。我以前经历过的疼痛一般比较剧烈，但持续时间较短，最多不超过几天。至于这次中风，疼得倒不是很厉害，但日复一日，不是这儿疼就是那儿酸。

　　疼痛能左右你的视线。除非你有办法为自己留一份空间，否则你会一心想着自己的疼痛。我曾采用过所学过的一切方法，从长远来看，确实有一定的效果。通过这些灵修练习，我可以进入到于我有益的灵魂境界，做个旁观者，而不是被疼痛左右。关于疼痛，我曾和玛哈拉作过深入的探讨。于是我利用学到的技巧，将疼痛当作我观想的主要对象。

　　我还把内观用到了晚间就寝，因为这是我的手臂、肩膀和脚最疼的时候。哪怕是翻个身，换个姿势，都会引起肌肉痉挛和钻心的疼痛。我有一个矫正睡眠时呼吸不畅的小仪器，但这个仪器会放大我的呼吸声，于是我将这当作我观想的主要对象，直至我能平静地旁观自己的痛楚。

　　我从中发现，应对剧痛其实是一场精彩的游戏。和其他经历一样，必须有过深切的体会，疼痛才能成为你灵魂的学习工具。若要不深陷痛楚之中，你必须承受剧痛，同时又要做一个旁观者超越疼痛。疼痛是位了不起的老师，让你同时在"自我"

和灵魂层面明确自己的身份。

因为中风，我对医学界有了进一步的了解。我从来不知道世上居然有这么多医科分类。从那些为我做过治疗的人身上，我学到了很多东西。朱博士是我的针灸师，也是我的一位了不起的老师，他的治疗方法与常见的西医大不相同。一间大候诊室，椅子靠墙一字排开，病人全都坐在这里，朱博士和助手问诊、下针、调针，一切都是公开的。

第二次去他那儿，我是坐着轮椅去的。处理完几位病人的病情之后，朱博士走到屋子的另一头，然后看着我，用指头示意我到他那儿去。我疑惑地指了指轮椅，但他做了一个"不"的手势。显然他是要我走过去。此前我只在拐杖和治疗师的搀扶下挪过脚步，但他却要我自己走。要我穿过这间大屋子，还要当着这些陌生人的面？不过，想到"他是位医生"，他那股决绝的力量让我从轮椅上站起身来，我像个婴儿一样，蹒跚着穿过屋子，走到了他的跟前。医生和理疗师都认为是自己的技术创造了奇迹，但我认为是他们的信心起了决定性的作用，是他们的坦诚和爱唤醒了病人的力量。

这些日子以来，我试过语言疗法、活动疗法、物理疗法、水疗法等各种治疗方法。所有疗法无一不是为了唤醒我的"自我"：加油！难道你不想好起来吗？发挥你的毅力！我抗拒着，因为这些东西将我限定在"自我"上。中风无形中成了一个新的竞技场，你今天有了多少"进展"？你能走路了吗？要多得小金星哟！与其依赖意志来参加这场竞赛，不如平静地接受今生的这场轮回，任其花开花谢。

许多医生都觉得奇怪，奇怪我不像一般的中风病人。有位医生问我："你都得了中风，怎么还能快乐得起来？"我说："因为我的觉悟在另一个境界。"觉悟不是物质，不属于大脑的一部分。思想存在于大脑中，但觉悟不在。这一解释对他没有多大意义，对我却创造了很多奇迹。

还有一位医生走进我的病房说："真奇怪，我是这家医院的院长，我发现自己最想待的地方就这间病房了。这里真安详！"正因为我借中风反思觉悟，从中得到了一丝祥和感，连医生也受到了感染。

我身边的人说："哎呀，他的觉悟不会受到限制。"这是他们对我的信心，他们都认为我能战胜病魔，是因为我没有消沉。但也有人认为我的意识会受困，他们相信，如果一个人中风了，精神也一定会萎靡。这是医学界的一个普遍心态，因此医院也不是一个好的修行环境。医生们将我和我的身体混为一谈，我的身体也因此受到了"伤害"。如果我随大流，也这么认为，那这就是我痛苦的根源。有很长一段时间，我幻想着，要是医院像个阿什拉姆①该有多好，这里的病人和医护人员都是修行者，做病人也好，做医护人员也罢，不论什么都可以当作一种修行的方式。

除了身体上的问题，中风还带来了一些心理上的变化。它不仅影响到我扮演的角色，还改变了我的心态。中风后我虽玩不了以前常玩的运动项目，但可以重新体会这些运动。中风将

---

① 阿什拉姆（ashram），即（印度教徒的）修行处。——编者注

这些运动变成了一幅幅画面，如今它们显得不再重要，因为我对比赛的结果已然没了兴趣。我不需要玩别人的比赛，为了迎合别人改变自己。我无须忸怩作态来取悦别人，因此我的心比以前更加自由。

比如，我以前总有一种权力欲，一种世俗的权力欲。这曾是我的一个动力。曾有好些年，我为了满足这个欲望参加了一些组织。如今，我觉得这些机构寡然无趣。

中风后，我要克服的一大心理障碍就是无法独立。上床下床、上卫生间、乘车、做饭这些事，我都要人帮忙。像关窗户、系鞋带这些琐事，打铃叫来人后，我都不知道怎么开口说："你能帮我关上窗户吗？""你能帮系下鞋带吗？"

我曾经是个非常独立的人，并以此为傲，依赖别人委实叫人无所适从。如今，我要从一个全新的角度来体会当今文化对"独立"的推崇和依赖别人的鄙视。我明白自己接受了这种思想，同时它也影响了我的价值观。

我还发现，独立的魅力是不害怕遭到拒绝。一旦要依赖别人，我立马就变得脆弱起来。但我发现，正是我的脆弱才使得我更富有人情味。我过去为信奉上帝而舍弃人情，实际是出于对自己弱点的恐惧。是中风帮我坦然地面对了自己的人性弱点。

帮助别人能增添自己的力量。现在我接受了别人的帮助。如今我要写的书不是《我能帮你什么？》，而是《你能帮帮我吗？》。我已经从一个助人者变成了受助者。于我来说，这是一个全新的角色。

如今，我学会了从照顾我的人的角度来观察自己。对护士来说，我是项工作；对医生来说，我是病人；对这一位，我是个名人；对那一位，我是个有趣的人儿，或是个怪家伙；对另一位，我是个朋友。有些人认为我还是刚中风后那一幅弱不禁风的模样，他们对我呵护有加，什么事都不肯让我做；而有些人则什么事都鼓励我去尝试、去做。照顾者的个性完全体现在照顾的方式之中。

而我则从灵魂的角度看待这一互动。助人者和受助者相辅相成，就好比是舞会上的一对舞伴，两个灵魂互相帮助，互相尊重，互相映照着对方的心灵。要是没有受助者，助人者能做什么呢？

自从中风后，我发现依赖这些本属于心理上的东西显得无关紧要了。相对中风而言，这些事实属小巫见大巫，此外，我更看重自己的灵魂，"有自主、有依赖，这才是完美的生命"。

中风并没有我曾经料想得那么糟，它反倒将我推向了一个更高的境界。如今，我的感受全然不同于往昔，更加认同灵魂的存在，对灵魂来说，残疾、痛楚、依赖这些记忆显得更加深刻。

现在看中风，我可以从不同的角度给出定义。从科学上，是脑溢血；从因果上，是我的业，因此才中了风；从对上帝的虔诚上，是慈悲为怀的导师给我上的灵性一课。最后一个，我觉得最有意思。当我问自己："如果这是玛哈拉给我上的一课，那我应该从中学到什么呢？"我随之会想出好些有趣的答案。答案之一是，我有机会修习更加高深的因果瑜伽。

《薄伽梵歌》一书中，牧牛神讫里什那告诉阿君那（Arjuna，信徒），要善用生活中的不幸来亲近佛祖，这次中风就是这样一种不幸。中风为我竖起了这道关卡，因为它带来了太多的痛苦，但大痛苦带来大智慧。

中风让我懂得了爱的可贵

中风让我懂得了爱的可贵，为我带来了不曾想到的爱，甚至以前不待见我的人，也为我送上了最美好的祝愿。祈祷团、康复和冥想团体都向我伸出了援手。我一直想通过演讲、出录音带来敞开自己的心扉，但这一刻，一切都来得水到渠成。我觉得爱如潮水般从四面八方向我涌来。

我也想成为这之中的一员，让一切生命归于一体，归于爱和意识，归于一切的一切。我的目标是要让大家（也包括我自己）醒悟过来。中风凝聚了我被"自我"扰乱的心神，让我回归到正途。

这就是心灵治疗的真髓，心灵治疗让我们与觉醒更近了一步，痊愈只是回到从前。我的中风没有痊愈，但我的心灵无疑得到了医治。心灵治疗让你和灵魂归于一体，如果你属于这个一体，你就是个完整的人。完整是心灵治疗的最高境界，完整包括一切，哪怕疾病也不例外。

人们问起我，一般都会说"他还好吧？"这让我想起一则和导师玛哈拉有关的故事。有一次，他对身边的人说："有人来了。"一干人等惊讶地说："没有人来呀，玛哈拉。""没错，是有人来了。"话音没落，就有一个人进了门，来人是一位年迈信徒的仆人。玛哈拉看了看来人说："我知道，你的主人心脏病发作了，但我不会去。"

"可他一直呼唤着您的名字啊，玛哈拉。"仆人说道，"再说他追随您这么多年了。"

"不行，我是不会去的。"玛哈拉说着，拿起一根香蕉递给那位仆人说："拿着，你把这给他，他就会好起来的。"在印度，大师给你一个水果，就等于送你一颗许愿树。你想什么就有什么。仆人接过香蕉一路跑回家，将香蕉捣成糊喂给主人，主人吃完最后一口就咽了气。

什么是"好"？对那位主人来说，在那一刻死去也许是最"好"的一件事。是玛哈拉的香蕉让他坦然地面对死亡。这是心灵的痊愈，不是身体上的康复。

我因中风懂得了玛哈拉的教诲，进入到灵魂的境界，我视它为一种恩典。但这不是我以往能够轻易体会得到的。这一恩典介于玛哈拉的爱和中风的残酷之间，因此我称之为"特殊的恩典"。

中风后不久，我在审视它对我身体、计划以及前途的影响时，曾对玛哈拉有过一闪念的愤恨。这让我想起几年前与继母菲丽的一段往事。菲丽是一位生性活泼的好女人，深受我的爱戴。她那时得了癌症，由于怀疑癌细胞转移到肝脏，医生给她做了活检，然后让我们在家等结果。

菲丽要我到时候陪她接电话。电话铃响起时，我正坐在卧室的地板上写东西。我和菲丽拿起各自的听筒，听见电话另一端的护士说："请等一等，医生这就来。"我抬头看了看导师的照片说："大师啊，我不求你什么，不过，要是您能通融一下，给她一个好结果,您能不能……"这时,电话里传来医生的声音:"阿尔伯特太太,我很遗憾,活检的结果显示肿瘤是恶性的。癌细胞已经扩散,您只能活大约六个月的时间。"

我当时觉得心一紧,心脏似乎停止了跳动。我望着玛哈拉的照片恨恨地说:"你个狗娘养的!"我从来没有说过这样的话,但当时我怒不可遏!

中风后发生的事如出一辙。我心中陡然腾起了一股怒火:"你怎么能让这事儿发生在我的头上?"我把火全撒到了玛哈拉的身上,然后,我与他比从前更亲近了。这实际是我在学习"特殊的恩典"这一课。

这时候,我发现自己一直以来所受的恩典是一种亲切、常常交好运的恩典。"特殊的恩典"让我对恩典有了全面的了解和感受。不过,这就好比去爱湿婆神和卡莉这两位代表破坏和残暴的女神,是教我们去爱一切能让自己亲近神的东西。

我们因欲望、依恋、执着而痛苦,因此痛苦能为你指出什么地方有待改进。痛苦是你放下欲望的动力,放下了欲望,你才能一身轻松。玛哈拉要是在世,他会说:"你瞧,世事就是如此,苦难让你与上帝近了一步。"

中风改变了我的自恋。"承受难以承受之痛"时,你会变得麻木;是"自我"不堪忍受中风才将我推给了灵魂。于是我像换了个人似的:"这就是我,我是一个灵魂。"从灵魂的角度看待世事是一件再自然不过的事,这不是服用迷幻药而起的一时感受,而是我的家常便饭。这就是恩典,恩典就是这么回事。虽然从"自我"的角度来看,中风不是一件好事,但从灵魂的角度来说，它却是一个学习的大好时机。

虽说我现在更有灵性，但同时也比从前更加人性，这似乎有点自相矛盾。此前，我时时提防着"自我"的欲念。对修行的人来说，物质世界充满了诱惑，因而我一直想抛开尘缘。如今有了灵魂上的安全感，尘世又有何惧？死不可怕，此生中也没有什么好怕的。世事的变化就是这么有意思，我越是追求人性，越有灵性。

我越来越沉默。这些年来，我一直深深地迷着拉马拉·马哈希的教诲，他传道时常常一言不发。他默默地坐着，和他一起静坐的信徒们常常满心疑惑而来，带着答案而归。就在我中风前两个月，我录制了一段关于玛哈拉的录像，这盘录像带在我住院期间上市，有两位朋友来医院探病时，给我带了一盘。我在录像中说道："玛哈拉常常在无言中教导大家。"看到这一段，中风后的我不禁点了点头，笑了，"无言中"……如今，我对这有了更深的体会。

近来我很少跟人说话，也很少跟自己说话。跟从前相比，我心如止水。我不再一心想着做这做那的，只喜欢坐在家里，看门前的树、天上的流云和飞鸟。

我从来都没觉得跟玛哈拉这么近过，与他相处的时间也更多了。是中风让我直面生与死这一众人瞩目的话题，也是中风拉近了我和玛哈拉的距离。我能坦然地面对中风，欣然踏上灵性的旅程，主要是出于玛哈拉的安排。

一条坚韧的纽带将我和玛哈拉紧紧地联系在了一起。他是我生活的空间、我的朋友和心灵的伙伴。他聪明、忠实、善解人意，有时又有点无赖，有着我喜欢的一切特点。有这样一位旅伴实属人生一大幸事，因为他在你我的心中。

导师是觉悟的使者，帮你与自己神圣的那一部分相通，帮你的灵魂觉悟，与上帝结为一体。

中风犹如凭空一声惊雷，让我如梦方醒，这一方式的残酷考验了我的信念，但我最终守住了自己的信念。

我与玛哈拉之间的关系实际是一种信念：我从那里得到的是一种恩典。我深信这一点，没有一处或一件事不是恩典，中风带来的苦难不过是考验和磨练了我的信心。

本书记述了我这个"先锋"如何体验老去。经过一番勘察，我从前方为大家带来了一些好消息，我要告诉大家，人的灵魂能战胜衰老。中风考验了我的信心，也坚定了我的信心，这正是中风给予我的最好礼物。如今我可以肯定地告诉大家，信心和爱能经得起世事的变迁，经得起老去。我相信，信心和爱也能超越死亡。

放下欲望

我开始研究意识的改变，要追溯到20世纪60年代。我以前看待自己的观点非常狭隘。我发现自己一贯所谓的"事实"，不过是我的主观意识，更有甚者，我还能随心所欲地改变这种认识。不过，只要你能从旁观者的角度观察这一思维方式，这种困境也许能有所改观。这些年来，在导师和药剂师的帮助下，再加上练习坐禅和冥想，我巩固了这一认识，在学习怎样做一个老人的过程中，受益匪浅。

别误会，我并不是在否认老去带来的困境和痛苦，否认人们因老去受到家人的冷落，找不到合适的工作，得不良好的医疗条件和社会关爱的现状，我也不想淡化年老体衰带来的种种烦恼。大家都知道，疼痛和痛苦有着本质的区别，不过，这一区在于你作何感想。

大家都知道，在唯利是图的文化氛围中，外界的因素起着决定性的作用。尽管你能掌控某些外部环境，但这种掌控却有着一定的限度，比如说你无力改变税赋、子女的行为、生老病死。既然祸福由不得你把握，其结论自然是自己受到了生活的愚弄，是生活的受害者，凭着一己有限的力量，与生活做着徒劳的抗争。

这种说法似乎也有道理，但也未必尽然。拿针刺自己的手，手会流血；大手大脚地花钱，你会破产。但祸事降临时，你是不是非得整天闷闷不乐呢？人们可以从不同的角度来看待世事，那么你为什么就不能采取不同的态度来对待衰老呢？不过，我们常常忘了大脑的可塑性，容易受自己的经验左右，认为一旦诸如此类的事发生，就必须按常规行事。随着年龄的增长，你会相信老年人应该按照别人的指点去想、去生活，"自我"让你觉得自己比年轻时更加渺小。但只要花些时间学习和思考，坚定意志，你也能按自己的方式安享晚年，利用不断变化的环境来造福社会和自己。

给你带来痛苦的是意识，或者说是"自我"，绝不是外部环境。从病人身上，你能明白这一点。这些年来，我遇到过很多患有同一种疾病的人，但他们所采取的态度却大相径庭。就拿艾兰来说吧。艾兰是一位退休教师，六十三岁那年她得了淋巴癌，就算做化疗，存活的几率也不到50%，但她并没有让这影响她的正常生活。艾兰是个虔诚的教徒，经历了当初的打击和消沉之后，她一边接受治疗，一边着手治疗人生中非物质的一面，这当中也包括她不幸的婚姻。她所做的一切大大减轻了自己的痛苦。"我知道自己还有选择，"艾兰告诉我，"要么改变自己，要么就此了结。"艾兰把这次得病当作心灵治疗、帮自己渡过难关的一次机会。通过学习走出死亡的恐惧，再反观灵魂的认识，将困苦的心绪和身体上的痛苦分别开来，你的痛苦自然也就减轻了不少。

带来痛苦的不是老去这一现象，而是对待这一现象的态度。比如"要是……就好了"是老年人经常挂在嘴边的一句话。"要是我不住在这儿就好了，我就能……""要不是运气不佳，我也能有个幸福的生活。"这种"要是"的心态实际是对自己的摧残，它让老年人深陷欲望之中，死死揪住虚幻的东西不放，无法回到现实中来。我们在一天天地老去，失去了许多曾经拥有的东西，到头来却发现回天乏术。这份"要是"的清单还可以无限制地列下去，同时，你的无能为力感也会随之增加。

等上了年纪，慢慢地静下心来后，你会发现利用心境解开过去的心结有多重要。上了年纪让你有幸学习这新的一课，许多退休人士觉得自己太清闲。但换一个角度看，随着欲望的号角归于沉寂，名利心逐渐淡泊，你也多了一些独处的时间，可以好好感悟自己意志力。

学习冥想

感悟心智，最简单的方法是冥想。我练习冥想始于 1970 年。尽管这一方法来自小乘佛教，但你无须成为佛教徒。冥想仅仅是要你了解自己的意志，关注自己的呼吸。大多数杰出的灵性传统都有自己的一套冥想方法。我深信，这些练习能帮你走出自我、活出灵性。

冥想可以在垫子上做，也可以在别的地方做，换句话说，随时随地都可以去实践。

开始打坐前，你要找个舒适的地方。比如坐在椅子上，双脚要平放，双手自然地搁在腿上。尽量不要倒在椅子里，也不能僵硬地挺着腰板。如果你愿意，闭上你的眼睛，想着你一一放松身体的各个部位。想象你的身体和意识进入一种安逸的状态。要是你想坐在地上，那也不错，只是不要用力过度，免得拉伤了肌肉。如果你以前从没有冥想，不习惯蜷着身子，我建议你还是坐在椅子上。你肯定不想将痛苦和冥想联系到一块儿。

开始时，你不妨从观察呼吸开始，注意小腹的起伏，气息在鼻腔里进出，肺部收缩膨胀。然后放松你的下巴、闭上嘴巴，舌头轻触牙齿后的上颚。你可以闭上眼睛，也可以双眼微微睁开，成 45 度角看着下方，但不要盯着某个物体。

当你注意自己的呼吸时，会发现呼吸不是太紧就是太慢。你会一心想着这事儿，刻意地去呼去吸，再不就是昏昏欲睡。接下来，一个个念头会闪现在你的脑际，你可能会想到印度、办公室、上周和亲人的争吵、快乐的生日，以及第二天晚宴的安排，等等。这些都很正常，是"自我"要你按它的意志行事。每当你走神或放下这些念头，重新将注意力集中到呼吸上去时，"自我"就减弱了三分。

有人说，此时的寂静可以说震耳欲聋，但也是一个心灵歇息的巨大空间，让你感受事物的本来面目。你的内心似乎比以往更加嘈杂，让外在的你愈发烦闷。这里什么都没有改变，改变的不过是你的心境。

一旦你开了小差，注意力从呼吸上游离开来，或者没有关注身体内的声音、情感以及一闪而过的念头，千万不要生自己的气。冥想并不是件容易的事。从出生到蹒跚学步，我们摔过不知道多少次，但都爬了起来。在我们这个年龄段，最重要的是让灵魂学会在认知中走路。如果"自我"将灵魂打翻在地，只要你能扶他爬起来，你就能重拾灵性，求得一段安闲和宁静。

练习内观时，你会发现自己管不住自己的思绪。如果这是你第一次仔细观察自己的内心活动，你也许会为自己的所见所闻惊骇不已。你一闭上眼睛，各种图像、情感和身体上的感受就会蜂拥而至。每每注意到自己的内心，你会愈发地清醒，能让灵魂进入到自己的身体，让你免予重蹈老习惯的覆辙。

冥想随时随地都可以做，你可以安静地坐在野外、教堂、寺庙，或者是仰望天空。不论采取什么方法，在你应对随时到来的烦恼时都大有裨益。一旦你从冥想中获得了一丝宁静，你就能正视心魔，认清它不过是意念的产物。这里所说的心魔是对老去一贯的恐惧。

老年痴呆是最令人恐惧的

记得那次我去医院探望八十六岁高龄的姑姑时,我们之间的对话是这样的:

姑姑:"你叫什么?"

我:"我叫理查德。"

姑姑:"你父亲是谁啊?"

我:"您的哥哥乔治呀!"

姑姑:"哦,是的,是的。"(过了好一会儿)"我们一样年纪吗?"

我:"不一样。"

姑姑:"这么说,我比你大喽?"

我:"嗯,您比我大三十岁。"

姑姑:"三十岁?可你的头发都白了呀!"

我:"您的头发也都白了!"

姑姑:(又过了好一会儿)"你刚才说你叫什么来着?"

于是我们又将刚才的话重复了一遍。姑姑游离于人世之外,不知时间和亲人为何物。大多数时间,都是我握着她的手,我们相互看着对方的眼睛。她对于记不记得我并不在意,看来她好像也不是特别关心这些。我俩不过是在心灵上相遇,而且投缘,一旦我不再坚持从"自我"层面上跟她交谈,这次探望可以说是其乐融融。

通常我们都太在乎、太相信自己的想法和情感,认为只有它们才能证明自己到底是谁,要是头脑不能做主,想不惊慌都难。但还有一种状况叫老去，一种无须我们恐惧的过程。正如在养老院安度晚年的弗朗西斯所言："没有力气让我丧失了活动能力，我常常沉默寡言。他们说我是老年痴呆，但老年痴呆不过是扼杀不守成规的一个合宜的借口罢了。我体内似乎有一股新的力量就要喷涌而出。比任何时刻都能看出这个旋转的星球和天空的美丽。我是老了，但我的观察更加敏锐。"换句话说，要是你无所畏惧地转变思维方式，危机其实就是转机。

有一部获奖影片叫《孝女的苦恼》(*Complaints of a Dutiful Daughter*)，我喜欢这部影片是因为它很真实，能唤醒人们内心深处的东西。影片的编导记述了这位母亲患老年痴呆症的过程，同时也记录了女儿应对这种疾病的心路历程。母亲的病情越来越严重，到后来连自己的女儿都不认识了。由于担心母亲一个人待在家里太危险，女儿将母亲送到了一家专门照顾老年痴呆患者的老人院。

办理入院手续时，养老院的院长嘱咐女儿不要给母亲留下任何旧物，甚至她的衣服也不能留。这似乎很不近人情，但女儿还是照办了。等第二天再来养老院时，女儿看见母亲穿着一件男式运动服，手拿一个装着枚硬币的钱包。女儿突然发现，如今没有人在身边提醒她这啊那的，母亲反倒更加快乐。女儿这才意识到，自己对母亲的依依不舍只能延长母亲的痛苦。没过多久，女儿就学会放下对母亲的牵挂，任由母亲随心所欲地生活。影片的最后一幕是母亲在走廊里挥着钱包，唱着"我自由了……我自由了……"

检审自己的内心，你会发现里面尽是些自己称为嫌犯的恶魔，正是这些恶魔给你制造了种种事端。其中的首恶当属老年痴呆，它折射出了你对自己变糊涂的担心。

除了丧失活动能力，最可怕的莫过于老年痴呆了。中风前，这是我的一大心病。不过，有了灵魂上的觉醒，你会发现头脑是不是清醒并没有多大关系。灵魂的觉醒比头脑清醒更重要。有了灵魂上的觉醒，你将受益终生。

当然，人犯糊涂往往并不是那么简单。对大多数人来说，随着自我意识的瓦解，许多领会错了的心理现象渐次浮现出来，让你极度地焦躁、怒火中烧，甚至有暴力倾向。有一位结婚五十四年的妇女，在丈夫患老年痴呆症期间一直悉心照顾着他。这位妇女曾写信给我，说丈夫现在在一家疗养院，有严重的性错觉。他认为自己身在一家妓院，她则是妓院的老鸨，逼着他同时和二十四名妓女做爱。为了逃走，他爬上公寓高高的窗户。妻子跑过去救他，却被他当作老鸨，他对她拳脚相加。就在前一周，丈夫还将她推下床，说什么和妹妹同床共枕有悖人伦。虽说她很想和丈夫长相厮守，但他的神智和所作所为实在叫她不知如何是好。

对大多数人来说，老年痴呆是最令人恐惧的。与其他顽疾一样，这种恐惧本身也有消除恐惧的解药。练习内观让能你明白，所谓的"恐惧"并不是难以克服的障碍，它不过是与身体上的感受一道而来的念头。恐惧的念头常常因我们沉迷于过去或幻想未来而生。"要是一年前的麻烦事又来了，我该如何是好呀？"你往往会为此一筹莫展。未来不可预知，如果任由恐惧的心理生出种种恐怖的景象，像滚雪球一样，恐惧就会越陷越深，永无止境。人越是上了年纪，越是认为自己属于弱势群体，各种各样的恐惧如影随形，让老年人如同生活在人间地狱一般。

但如果选择了灵性的道路，你就会找到调节恐惧的方法，不致成为恐惧的牺牲品。我所说的"调节"，并不是非要你去抵制它，而是时刻注意恐惧的苗头。一旦意识到恐惧出现，你要尽量保持清醒的头脑，注意这一念头的根源，你关注的是什么？比如食品价格的飞涨，或者是身体有了不适。引起焦虑、痛苦和恐惧的是固执，认清了自己执迷的对象，比如某种生活水平，或者是不老的身体，你便迈出了放飞心灵的第一步。

寂寞是老年人常见的苦衷

以往的痛苦我至今记忆犹新，那会儿我仿佛与世隔绝、无亲无故，没人管、没人爱，找不到倾诉的对象。那一刻，我觉得自己简直要被寂寞击垮了。随着时间的推移，这种感觉渐渐淡化了。如今，我的周围都是一些爱我、照顾我的人，但以往的记忆依然历历在目。就像披头士在《Eleanor Rigby》这首歌中唱的一样：在孤独中了却残生。

我们改变不了老去的身体，但能缓解寂寞带来的痛苦。你要时刻警惕寂寞感的苗头。与许多自我调节一样，早一天发现自己的心理状态，内观练习越能有效地缓解寂寞。察觉到这种寂寞时，你要静下心来，做一个寂寞的旁观者。这样一来，你会发现，尽管寂寞感还在，但程度减轻了。"自我"再也不会借题发挥，说："唉！我真可怜，我太寂寞了，我是世上最寂寞的人了！"这么想实际上是助长了寂寞，延长了自己的痛苦。你要切记，寂寞无法否认，只有转变意识，才能认清什么是自我，什么是灵魂，而不是大倒苦水。灵魂最大的力量就在于它能包容一切，而不是设法将痛苦一推了事。

即便是最寂寞的人也不是时时都寂寞，内观能让你在困难时牢记这一点。认识了自我执迷的欲望（甚至消极的感受），你此刻似乎有一种缓解寂寞的冲动。你可以这么做，也可以不这么做。不管如何，寂寞感都会像暴风雨一样过去。

寂寞和独自一人不同。寂寞指的是"自我"层面；独自一人则是心灵上的一个间隙。你有必要一个人独处，以便有时间去思考，去了解自己。如果"自我"让你在各色人等和交际场所间疲于奔命，或者为寂寞怨天尤人，心灵怎能得以觉醒。因此，独处反倒是一个大好的机会。

然而从某种意义上来说，你从来都不是独自一人。不管你身处何地，觉得有多凄凉，身边都存在有着同样感受的人。你可以从心灵上向他伸出援手。想一想如果你是这个人，又没有内观练习来解除寂寞的痛苦，会是怎样的感受。若是你有心减轻他们和自己的痛苦，一股轻松感便会油然而生。从往日的"自我"中走出的方法之一是同情。同情不是可怜，是真正希望他人不再痛苦的愿望。一旦你不再顾影自怜，"自我"自然就无力助长你的恐惧了。

尴尬是老年人一种常见的内心状态

我先来说一则小故事。几年前，我应邀到科罗拉多州的丹佛为几千名听众演讲。坐在会场的前排，听着主持人的赞美，轮到我上台演讲时，"自我"在过度的赞誉中极度地膨胀，我没有像大多数六十三岁的人一样走台阶，而是一跃上了讲台。紧跟着我就摔了个嘴啃泥，腿跌伤了，还流了血。我没顾得上处理自己的伤口，在鲜血不断滴进袜子的情况下装作若无其事地演讲了一个小时，实在抹不开面子承认自己快要晕过去了。

回首这段往事，我不禁为"自我"的力量惊讶万分，真不知道当时它是如何控制我的。我扛住了这一尴尬的局面，没有停下演讲，花几分钟时间来清理、包扎伤口，也就是说，我被"自我"左右了。摔跤这一尴尬局面的背后，是我对老去的惶恐！对于为我这个年龄段的人准备的台阶，我本来就感到很不自在，这种情形让我不知该如何举止。判断失误对我这个岁数的人来说，是再正常不过的事了。这大概是我常常忽略了自己身体、自不量力的缘故吧。当然，也可能仅仅是我过于狂妄。总之，身体残疾之后，我反而不觉得衰老是一件令人难堪的事了。在这之前，我一直都在为自己的身材苦恼。自从中风后，我被长期地困在轮椅上，甚至晚上想在床上翻个身都办不到。刚开始我还很难接受这一状况，但等"自我"放下了面子，这一切也就迎刃而解了。

美国诗人艾略特（T.S.Eliot）说过："随着一天天变老，人们不愿在无关紧要的事上浪费一分一秒。此时你会摘下面具，放下虚荣和不切实际的幻想。"

母亲去世前几天,我单独和她待了一天。她非常虚弱,但在和我说话时,她还用仅有的一点力气拿扇子遮着脸,免得我看见她没戴假牙的嘴。她的牙龈非常敏感,无法戴假牙,除了父亲和牙医,她不让任何人看她没戴假牙的样子。更糟的是,治疗期间服用的一些类固醇药物导致她脸上生出了毛发,我不止一次见她拿镊子去拔,免得别人看见哪怕一根。母亲跟疾病和治疗所改变的身体状况奋力抗争,但这一出自避免难堪的抗争让她无法安宁。虽说这场战斗注定以失败告终,但她仍然要打下去。因为她所受的教育就是如此。我的老朋友蒂莫西·里尔(Timothy Leary)也是如此,病危期间有人给他拍照片时,他会紧闭着嘴巴。紧闭双唇不是蒂姆的性格,于是我问他到底怎么了。他张开嘴告诉我他前排的牙齿不见了,他不想以这样的面目示人,换句话说,他觉得难堪。

一位老年女医生却对牙齿有着乐观的态度。有一天,我问她为什么如此与众不同,她张开嘴做了一个鬼脸说:"我今天过万圣节呀!"她嘴里分明只有四颗牙齿,而且分布在不同的角落。但她却笑着说自己牙痛,不想要了,于是就都给拔了。"我的牙跟我奶奶一样,都不好。"说完,她便去招呼自己的病人了。

母亲去世后不到一年,我来到了地球另一端的印度,拜谒年近八十、大腹便便的玛哈拉。他只剩三颗牙齿,有两颗还在嘴的最里面,他没有拿扇子,似乎根本不在意自己的小腹和牙齿。我们这群信徒长时间地坐在那儿,欣赏这颇有风度的一幕。

第二章 · 学习做一个老人

本世纪众人心目中的圣母阿南达玛以玛也有着同样的气度。她临终前，我去拜访她，这位曾经美若天仙的大师似乎毫不在意自己的衰老。发自心灵深处的光芒掩盖了她枯槁的形容，融入到她没有牙齿的笑容和满是皱纹的双手中。这种心灵的美穿透了旧皮囊，熠熠生辉。

幽闭恐惧症

人上了年纪，都会有力不从心的苦衷，不仅仅因为身体状况江河日下，担心在这弱肉强食的世界里无法保护自己，还有无力应对随年龄增长、叫他们倍感困惑的各种变化，导致他们愈发焦虑，往往把身边的人看作敌人而不是朋友。

几年前，我与一家高级会所的老人度过了几个小时。这些老人都在65~85岁之间，总共有15个人左右，是个非常快乐的小团体。彼此熟悉了以后，他们开始告诉我在这个戒备森严的环境中的感受。有位先生把这幢七层的建筑说成私人游艇。这听起来非常有趣，但一想到要在一个幽僻、自我封闭的环境中度过余生，一股莫名的烦恼不禁油然而生。一位女士用颤抖的声音告诉我，她不敢离开这幢大楼，因为电视上的世界充斥着暴力。

我眼前的这个退休人士团体，陡然间从"爱之舟"变成了一座凭借护城河防御成群强盗的堡垒。尽管窗外的大街几乎空无一人，这位女士仍然认为周围危机四伏，只要她胆敢踏出大门一步，就有坏人对她下手。这是一个人在自我封闭时才会发生的极端例子。将世界缩小到自己居住的空间,你就会受到它的禁锢,难以脱身。这位女士的话让我心碎,我明白,尽管这里没有罪犯,但强盗在她的心中。一股无能为力之感,使得她将自己的肉体和精神禁锢在一个狭小的空间里。这种闭关自守、不相信一切的心态,让她无力操起有益的工具和智慧,过上幸福的生活。倘若我能劝动她陪我到救济所走走,比如给无家可归者施粥什么的,也许能缓解这种令人恐惧的"敌我"心态,增强她的信心,不再让她觉得自己脆弱无助。

这种幽闭恐惧症并不是上了年纪后一个不可避免的结果。玛吉·昆(Maggie Kuhn)是"灰豹党①(Gray Panther)"的创始人,这位不安分的老人在八十高龄时还在以活动家的身份周游世界。还有汤姆·贝利(Tom Berry),这位博学多才的神父从来没有让身体上的残疾妨碍自己的事业。他在呼吁世人关注人类对地球的破坏方面做出了杰出贡献。玛吉和汤姆都找到了超越自己的方法,虽然此间他们成了公众人物,但这不是关键,关键是你想不想逾越这一认知的局限。

经历了这次中风,我才知道限制并不都是自己强加给自己的。即使身体残疾了,但只要大脑还能动,你仍然可以练习内观。只要你善加利用,局限也能成为优势。与此同理,自己的行动慢了,你可以利用这一变化多练习内观。

---

① 灰豹党(Gray Panther),美国的老年人保护组织。——编者注

人上了年纪，随无能为力而来的还有失落感

职位、父母、顾客和爱人这些曾经习以为常的身份发生了变化，会让你觉得自己成了一个无关紧要的人。这种失去存在意义的痛楚，以及由此而来的消沉，夺走了你的欢乐，让你将自己看作累赘和废物。

去养老院时，我经常能看到这样的场景——走廊里尽是些穿着拖鞋或坐着轮椅的老人，他们常问："我为什么披着这副没用的皮囊活着？"从老人的口中听到这句话，简直叫人心碎。在许多国家，老人是一种骄傲和幸福，而在我们这个社会，老人是无人理会的废物。

老人们不仅享受不到荣耀和悉心的照顾，还常常无法排遣心中的无聊、绝望和空虚感。因此，我们的当务之急是在走进死胡同前找到应对老去的出路。早一天养成应对失落、消沉这一严重精神状态的意识，以后的岁月里，你越是能有效地排解这一心结。容我赘述一句，你不妨从注意自己的心念开始，然后小心地、慢慢地放下"自我"的掌控。等自己的心绪渐渐平静下来，你就能看到与失落相关的念头和感觉时隐时现，在这时隐时现的中间，有着一种不受任何事物干扰的精神状态。你会发现，灵魂并不寻求任何意义，它的"意义"是不言而喻、无须证明的。花儿从不问自己的意义：为什么要开。花就是花，它的目的就是快乐地绽放。

爱默森（Emerson）曾写过一篇美妙的散文，文中这样写道："我窗前的玫瑰不会跟以前的玫瑰争风，比较谁更美。玫瑰

就是玫瑰，它们与今天的上帝同在，不存在时间概念。玫瑰就这么简单，开放的每一刻都那么完美。"

这句话看似很简单，可话中却蕴含着深奥的人生哲理。在你为人父母、求得一官半职前，在"自我"追名逐利、登堂入室前，你就是你，仅此而已。在你聪明、善变的大脑之外，有一样纯粹的东西，它不会随岁月改变，无法添一丝一毫，不会减一寸一分。你明白了这一点，它就能成为你力量的源泉，让你少一分失落感。这不是什么抽象的概念，它真实得如同你体内进出的气息，鼓舞你的勇气。内观越是清晰，你越能认清真相，从而在痛苦的念头想隐迹遁身时，给你一种安静祥和的感觉。

正如你见到的，即便是苦难发生时，你也能感受到其中的宽广。练习内观时，你可以想象"自我"不会自动消失，"自我"不过是暂时不再对你颐指气使，或者给你一个唯一的感受。不再受自己的情绪主宰，你会对它有一个深切的感受。这就像你窥探黑洞洞的房屋时，如果事先知道那里有一盏灯，你就不会那么战战兢兢了。

痛苦虽然让人痛苦，但痛苦是长者智慧不可分割的一部分，是一股力道，让你变得谦恭，悲世人所悲，伤世人所伤，进而成为一个有用之人。

我曾遇到过一些成天郁郁寡欢的老人，悲伤似乎是他们唯一会做的事。此时的悲伤业已成了牢笼，要想从内心的阴霾中有所收获，像老年人忍受伤痛一样克制自己的情感，你必须冲破"自我"的禁锢。

面对一浪接一浪的悲伤余波，你要么在恐惧的骇浪中自闭，或者偏安一隅，觉得自己半死不活，要么成天悲悲戚戚，在过去的失败和悔恨中难以自拔，享受不到现在这一刻的美好。正如索尔·贝娄（Saul Bellow）在他的巨著《只争朝夕》（*Seize The Day*）中说的那种人一样："他们担心自己只要一天不悲伤，就会一无所有。"

对老去的恐惧和消沉主要集中在失败上。面对失败，你越是不能觉醒，遭受的痛苦也就越深。记得父亲晚年时一直对过去的失败耿耿于怀，一时间说的都是些曾经的错误和懊悔，他的认知完全扭曲了，悔恨将他的功劳和成就一笔购销，最终使得他认定自己的整个人生除了失败还是失败。万幸的是，这波骇浪最终会过去，去世前，父亲已经能豁达地看待自己的人生了。

人到晚年，时常会感到抑郁

这只是一个心灵转变的过程。也许这种消沉就是圣约翰说的"心灵的黑夜"。这期间，"自我"先死，灵性后生，最终大彻大悟。

我消沉过一段时间，有着类似的经历。见到玛哈拉时，我觉得自己就像个失败者。但没过多久，我就将理查德·阿尔伯特这一从前的身份抛到了身后，踏上了成为拉姆·达斯或上帝仆人的旅程。这一旅程，我一直走到了今天。

回头想来，我才明白是濒临死亡时的绝望成就了后来发生的一切。消沉这一负面情绪促使我寻找别的东西。灵性成长这一积极的心态将我救出了消沉的泥潭。我曾在朋友身上亲眼目睹了类似的过程，他们深陷消沉的泥潭不过是觉醒的前奏。

与此同理，我相信摒弃老习惯、以往的自我形象、心理拐杖、体质和地位，以及这些事物变化后所产生的消沉，也许可以视为心理成熟和睿智的必经阶段。

医学界有一个广泛的共识，认为许多老年人患的抑郁症，实际是一个自我调节的自然过程。你认为这是大脑生化机制所致也好，是心理或者精神上的过渡期也罢，老去似乎包含了一个自省的过程。这种自省不是妄想，也不是对世界的恐惧，而是让临近死亡的人去思考生命的意义。

老去让你有机会思考这样一些问题："我是来做什么的？这到底是怎么一回事？我处在一个什么样的地位？这些我都明白了吗？"

人们大都不愿回忆过去，反而将回忆过去生活的渴望看作怪念头和错事一桩，认为自己就应该成天忙忙碌碌的。但慢下脚步，反省一下自己，能让你回味一段丰富的人生经历，享受老去对你的馈赠。

正视大小便失禁、遭人遗弃和死亡等问题

要想积极地应对黑暗的内心状态，你必须要正视恐惧。这就像儿时怕黑一样，你或许会带着这种厌恶进入暮年。正如孩子们必须学会分辨什么是真（黑暗），什么是假（藏在床底下的鬼怪），你也要学着辨别与老去相关的恐惧，鼓起勇气去面对。大多数人都会带着几个鬼怪进入晚年，这其中最大的一个鬼怪

就是："我会老，会变糊涂，我临终时，在这个冷漠、阴暗的世界上无人管，无人问。"不过，相信这些鬼话的只有"自我"。

甘地说过："灵性的人生首先就是要无所畏惧。"恐惧无非是为已经发生的事烦恼，为根本没有发生的事担忧。学习做一个会老的人能帮你解开恐惧的束缚。不管是哪种灵性练习，其方法多是大同小异，即在你胡思乱想之前，帮你认清自己害怕的东西，然后走近来仔细观察。

比如你成天担心自己有朝一日会变成个瞎子。你不用去管这些想法、由此而来的情景，以及无助、需要依赖别人和眼前一片黑暗这些感受，只要观察恐惧如何发生就行了，但万万不能退缩。要是你受不了这一恐惧，可以在心理上稍作让步，因为我们并不想大肆渲染，只是想教你学会与恐惧或鬼怪相处，而不是任其发展。等你明白自己的恐惧不过是心理在作祟而远非事实时，你自然就重获了力量。

没事的时候，你不妨想想人们晚年时一些常见的恐惧和疑问，比如上述常见的一些疑惑，以及大小便失禁、遭人遗弃和死亡等问题。叫你大跌眼镜的是，别人谈虎色变的事你不怕，而那些别人眼里的小事倒叫你惶惶不可终日。

伊丽莎白·库伯勒·罗斯曾说过一位老妇人不肯咽气的故事。一次次的病危，这位虚弱的老人都挺了过来，叫医生和她的家人倍感压力。有一天，他们请伊丽莎白去跟这位老人坦白地谈谈死亡，这在当时是少有的做法。她问这位老人在怕什么。"我怕被虫子吃了。"老人回答。原来老人是怕被埋在地下才迟迟不肯离去。于是在伊丽莎白敦促下，老人的子女当着她的面签署了一份协议，保证在她死后将她的尸体火化。结果，第二天老人就在睡梦中安详地离去了。

在学习内观、正视老去的过程中，无所畏惧是不可或缺的。这种无畏是愿意对自己、对他人说出真话，愿意正视自己的想法。我们应该毫不避讳、一视同仁地对待自己和身边人的痛苦。我们要学着去接受恐惧，和它相处，任它起，任它落，而不是对恐惧闭目塞听。

你只是做一个旁观者，不助推，也不阻止，自然间内观的能力就得到了增强。你会发现，进入旁观者状态的那一刻，"自我"的边界变得模糊起来，恐惧感慢慢地消失了。你所观察到的恐惧念头与你当初逃避的大不相同；看到它、接受它的那一刻，你就得到了力量。

我并不是说一旦你得到了力量，就不会再出现同样的恐惧，而是要你从一个不同的角度来看待恐惧，这样一来，它就会从歌莉娅（圣经中的巨人）变成一个小什穆（漫画人物）。每当你发现心中有一丝抗拒感，就要加强内观练习，仔细观察它的一举一动。你不妨请它进来喝杯茶。

"你是瘫痪的恐惧？久违久违。进来喝杯茶吧？""死亡的恐惧？哦，咱们天天见。进来坐坐吧，咱们好好聊聊。"每当你这么做时，你就离它更近了一步，从而发现，"哎呀，也不过如此"。

第三章 · 缺失的老去文化

在印度文化中,永恒的事物才是重点。他们的目标不是拥有丰厚的养老金、修长的大腿和快乐的性生活,而是经历过风雨的印度老人式的悠闲。

两种文化

虽说美国人大都信教，但仔细想来，美国却根本不是一个崇尚灵性的国度。诚然，犹太教和基督教崇尚的博爱、勤勉和团结，的确形成了我们文化的架构和自我形象，但在本质上，这是一个笃信哲学唯物主义（Philosophical Materialism）的社会。

哲学唯物主义并不是说爱慕钱财，而是指只相信感官所能感觉到的东西。凡是看不见、听不到、摸不着，或是实验室里检测不到的，唯物主义就断定它不存在，或者是主观臆想的东西。虽说非物质（超感觉）的事物可以在宗教里存在，但我们对"日常"现象的理解往往与精神领域脱节。

我们常常拿科学作为底线，用以判定什么是假，什么是真。虽说在追求灵性的社会中，意识不能衡量意识以外的事物是个人尽皆知的常识，但当今社会却往往无视感官以外的事物。尽管 90% 的美国人都自称信这样那样的宗教，五六十年代末又引进了东方和新时代思潮，但大多数美国人仍然像个固执的密苏里人①，"你能证明，我才信"。

对了，几个世纪前，人们还难以相信原子、夸克、喷气推进器和银河系这些看不见、摸不着的东西，做梦也想不到还能有观察这些物质的显微镜和望远镜。这让我想起了苏菲派圣者纳斯鲁丁的话，用科学的放大镜来寻找真理，就像黑夜里丢了钥匙的醉汉围着路灯柱子转，因为那里是他唯一能看得见的地方。

科学家说宇宙是由物质和能量组成的。我的西藏朋友格勒活佛对此提出了异议，他说宇宙是由物质、能量和意识组成的。当你每天都与自己和别人的意识为伍时，又怎能否认这一说法？你又怎能认为肉体（物质）的死亡就代表意识的消亡呢？物质和能量不是消灭了，只不过相互转化了而已。

认为感官之外的一切都不存在的说法，对我们有着广泛的影响，但最重要的当数我们怎样看待从出生到长大，到老，再到死这一人生轮回。对靠感官来观察人生的人来说，死亡显然意味着人生的终结。他们认为，在肉体之外，一切都不存在。对有信仰的人来说，在尘世之外，还有另一个层次的东西存在，虽说我们现在的活动也许会影响到未来，但身后事仍然不过是个猜测，对如何看待现世生活并没有多大影响。

照这种唯物主义的观点，人人都是有限的个体，在不断变

---

① 美国人大都认为密苏里人固执。——译者注

迁的世界里等待自己的消亡。在这样的背景下，死亡、疾病和衰老这几位老友一直被误认为是恐惧的根源也就不足为怪了。如果能敞开胸怀，承认这种思维方式对你的影响，你也就能跳出这个框框，从一个截然不同的角度来看待老去这一过程了。

暂且不论公共卫生、人权和经济问题，也不说次大陆的美国化，印度人对衰老和死亡的形而上观念对我们现时的困境依然有很大的帮助。印度教从广义的角度来看待人生。印度文化普遍认为人死后灵魂还在。阿特曼（Atman）[①]就是神，这一认识也是灵魂渴望秉持的。

对有着各种信仰的印度人来说，人生的非肉体、非物质范畴跟他们的身体和大脑一样真实，他们不认为死亡是人生的终结，而是一个转折点，肉体不过是灵魂实现自我这一旅程中的某一个阶段。

当然，这种观点可以说有利也有弊，人们对世俗的事太冷漠，只要看一看印度现时的弊端，就足以明白过于重视来生、忽视生存或物质层面所带来的危害。

但在缓解不放过现在的一切，又死死揪住过去和曾经的青春不放的两难境地上，形而上的认识可以说不无益处。在印度文化中，永恒的事物才是重点。他们的目标不是拥有丰厚的养老金、修长的大腿和快乐的性生活，而是经历过风雨的印度老人式的悠闲。人到老年会出现一个转移生命重心的机会，让人可以转而关心智慧和爱身边的人这类不会被剥夺的东西。然而

[①] 阿特曼，印度婆罗门教中的一种宗教意境称呼，也可以译为"自我"或"灵魂"，使自己不可摧毁，使自己和宇宙完全一致。——编者注

没有灵性基础的文化却剥夺了这一机会。印度人的这段解放的过程，却是许多美国人的一段伤痛，因为许多人一生都在担心失去自己拥有的一切。

与自己的肉体握手言别

在物质主义文化中，肉体和长寿是至高无上的。幸得有科技和医药上的突破，单在本世纪，人均寿命就增长了 25 岁。下一个世纪会有什么样的进步，着实叫人难以想象。要是你相信自己仅仅是具肉体，那么让肉体活着就成了终极目标和理想。

安布鲁斯·比尔斯（Ambrose Bierce）曾说过："长寿是惧怕死亡的病态延伸。"但美国人仍然痛苦、执着地走在这条路上。

每一个神话的诞生都有它特定的环境和背景，比如说我们期望长寿。但神话的改变比世事的变迁慢得多，这就是大部分人口步入老年时，却在现实中找不到属于自己的位置的原因。不可否认的是，人人都想长生不老。这让我想起了一位法国妇女的话，她是史上年龄最高的人，有人在她生日时问她对未来的感想，她的回答是："非常短暂！"

当然，这些都是旧谈，从前的许多文化都曾追求过长生泉和不死药，而我也不反对长寿。

长寿为我们的修行提供了一个大好的机会，你这会儿在读这本书，说明你有时间、有机会培养推动灵性成长的品质。但在审视自己对衰老的态度时，你首先要问一问自己是否是个以自我为中心的人,其次是"能不能知足"。

在这个以身心为中心的社会里,多代表的是:时间、经验和财产多多益善。不过,"多"是否就真的好,什么时候才能知足?

20世纪60年代末,我应邀去新罕布什尔的一家宾馆演讲,这家宾馆古朴、豪华,是犹太人的度夏胜地。这里的妇女涂着蓝眼影和黑睫毛膏,身着时下流行的半透明泳衣,浓妆艳抹,打扮入时。男人们则抽着一英尺长的雪茄,大腹便便地躺在椅子上喷云吐雾。

记得当时我对他们说:"你们成功了,是不是?瞧瞧你们现在住的地方。这是国内顶级的酒店。停车场满是凯迪拉克,甚至还有劳斯莱斯。你们的子女在私立学校就读。你们当中许多人有两幢以上房子。物质上的享受,能有的你们都有。"台下的听众都满意地笑了。接下来我问了一句:"你们知足吗?"

我的问题像是打开了潘多拉魔盒,大家纷纷道出自己的苦楚和疑问,当今社会的神话让他们大失所望。并不只是积累了一定的财富,到老就能安享晚年。听众们大都将身体和财产混为一谈,认为身体就是财产的一部分。我只是稍加点拨,他们就认识到了这一观点带来的痛苦。尘世的成功并没有带来应有的安详、宁静、归属感和幸福,甚至有人觉得自己被耍了。他们说自己赢了,但也输得一败涂地。

大多数人并不像他们一样富甲一方,却面临着同样的困境,都在工作、财产和健康中寻找自我价值和人生的意义。虽说美国人大都自称信教,但他们的灵性生活也仅限于教堂、寺庙和清真寺，关注老去的人可谓凤毛麟角。人们丧失了深谙无常的佛教徒或知晓灵魂存在的印度教徒的闲适。

不过，如果能接受哲学唯物主义之外的事物存在，也就是类似于赫胥黎（Aldous Huxley）所谓的"长青哲学"（Perennial philosophy），你便能从一个全然不同的角度来看待老去这一过程。

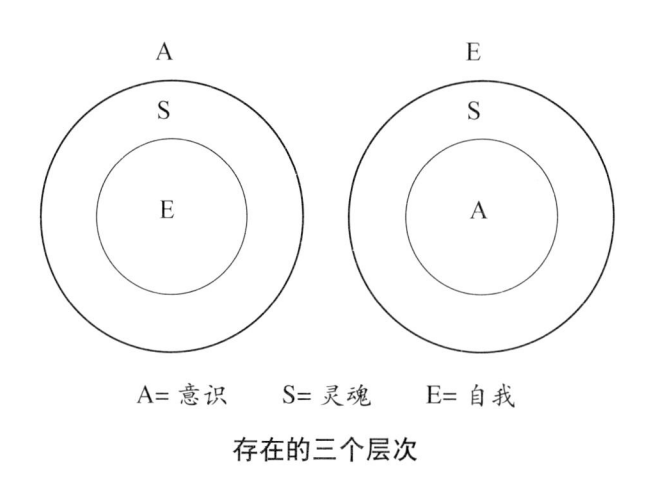

A= 意识　　S= 灵魂　　E= 自我

存在的三个层次

如上图中左图所示，以"自我"为中心是人们的一贯处事态度。"自我"包括你对自己身心上的一切认识，如身体、地位、名誉、财产、情感，以及为生存而发展的抽象理论。借用苏格拉底的一句名言来说，"自我"是自认为有着一定品味、欲望和见解的身心。放眼外面的世界，这个自我所见的只是一些独立、感性的"自我"，将之作为用科学能解释得通的"操作系统"，大脑这台主机是它唯一的传送器。

正如上图中右图所示，"自我"不过是认知大海中的一滴水,"自我"之外还有灵魂。这里的灵魂是来学习的,老去和老去带来的困境,是一个大好的学习机会。但学习又是为了什么?当然是为了此刻和将来,或者将来的将来心灵上的那一份恬静。

我深知自己的话会让大家感到不安,但我还是想直话直说。我相信灵魂能越过死亡,得以投胎转世。我们学习的目的是得道成仙,升入天堂,与神相伴。人来的这个世界,要是只为了活七八十年,不仅说不通,反倒是世上最大的浪费。我们是来学习的,否则这些争论也就毫无意义。对"自我"来说,表明此生功德圆满是到老时所扮演的角色和所处的位置,但对灵魂而言,学习才是人生最大的成就。

将自我形象延伸到灵魂层面,你会发现自身意识有了一个明显的转变,是一种从狭隘的小我到大我的解放。有了这一层精神境界,你能跳将出来,从外部观察"自我",从而用一种新奇的方式观察自己的身心。这就像打开了"自我"的天窗,你终于可以走出来,欣赏里面的风景,在真我(从灵性的角度)和身心所遭受的痛苦之间拉开一个合理的距离。了解了自己,你也就找到了一种心灵治疗的好方法。

滴水不成汪洋,灵魂并不代表全部的意识。灵魂之外是神的范畴,也就是上图中我称之为意识的 A。从左图中不难看出,意识受到了"自我"的禁锢。虽说精神和"自我"包含在意识内,但意识本身却是无穷无尽、没有界限的。用以描绘这种包罗万象的词语数不胜数,如上帝、梵天、大我、无名、无形、无相或神明。"自我"和灵魂是意识不可分割的一部分,正如意识是人的本质。然而"自我"完成从自己到意识的跨越并不是件容易的事。它象征的是圣徒经历过或诗人描述的那种神秘的结合，留下独立的"自我"，与上帝融为一体，真正回归本性。

历经老去和死亡的是"自我"。"自我"虽无法长生不老，但要它想象自己的死亡也几乎是不可能的。"自我"认为它将不久于人世，是它将身体、灵魂和意识混为一谈，因此，人们往往会极度地恐惧死亡，到处求医问药。

大圆满（Dzogchen）是个很神奇的练习。这一练习也就是俗称的"望天"：仰天躺下，凝望天空的朵朵流云。不一会儿功夫，你就会觉得天空映照出你的意识。你渐渐地变成了那片天空，欲望、恐惧、人物、声音和味道幻化成云朵进入你的身体和脑海。天空从没注意过来来往往的流云。云来云往，天空只是敞开自己的胸怀。

将回顾老去的过程作为一条心灵治疗的途径，你只需明白自己不仅限于肉体和智慧。认识到自己不过是全局的一部分，你不禁会大吃一惊。不过，一旦你能在日常生活中感受灵性，你的痛苦、恐惧、失落、愤懑等窘迫感也就随之烟消云散了。灵魂的觉醒让你重回自己的肉体和心灵，带着一颗智慧和包容的心来审视自己。

这一练习要的是谦恭和耐心。虽说我修行已有四十年之久，我仍然会萌生旧态，旧习难改。不过，只要你肯承认有"大我"，老去这一过程就是灵性的转机。

尊重自己的身体

老年时的机会,
不亚于年轻时,
尽管外表不同,
当黄昏的薄暮缓缓退去,
天空满是白天见不到的星辰。

——朗费罗(Longfellow)

安享晚年的道路,无所谓对错。

当今这个社会中,痛苦的一大根源和萦绕老人心头的阴影,无外乎只要把事情做对做好,晚年就没有烦恼。如果他们像追求婚姻、为人父母、事业的成功一样,能把老去这一问题处理得当,老去自然不会为他们带来不知如何解决的问题。但到了选择生活方式、实现人生目标以及随时间推移不断变化的角色时,传统的对与错、成与败便不再适用了。

智慧的老人,与其说是一种角色,倒不如说是一种生存状态。智慧不是奋力追求某种社会角色,而是与智慧本身相称。是的,这正是"自我"扮演的角色,不过,你应该对"自我"有个进一步的了解。

"自我"是肉体层面主导你人格、身体、与他人交流的纲领,是一套非常有用的工具。只有当一个人将"自我"看作自己的全部时,"自我"才具有破坏性。由于"自我"欲壑难填,无法带来长久的幸福感,这样一来,它会为你带来莫大的痛苦,让你深陷时间和欲望的沟壑里,难以自拔。

如果从"自我"的角度看待生活,当灵魂渴望与上帝结为一体、"自我"又拼命维护着旧身份不放时,你会痛苦不堪。但神明是通过"自我"这个舞台来教导我们的,因此你只有在这个世界中学习。

如来在成佛之前就知道了这一点。他听说一群瑜伽大师日夜冥想,每天仅以一粒米维生。于是他也跟着坐起禅来,可没过多久,他就认识到,这么做威胁到了自己踏上灵性之旅的肉体。于是他决定采取中庸之道,既不纵情,也不做苦行僧,这样一来,许多信徒都离开了他。但正是他对好与坏这一事实的认识,让他最终大彻大悟。

我花了很长一段时间,才知道从印度学到的弃绝身体的方法并不适合我。最终我从"因果瑜伽"(Karma-yoga)中懂得了灵魂的真谛,因果瑜伽将每一件事都当作修行之路。只有与各个方面的"自我"协调相处,灵魂才能博采众长。

身体、"自我"和灵魂是相互依存的。你应该尊重自己的身体,当它是圣殿,尊重你的"自我",当它是灵魂学习的途径。

老去的最佳境界是"无知"

世上有多少人,就有多少种展现智慧的方法。对自己的老年生活进行设计时,每个人都有一套自己的方法。其实没有一个最佳的模板,但你一定比从前更好。

深入探讨之前,你不妨先来想一想"角色扮演"到底意味着什么，为什么要这么做。只有这样，你才能懂得怎样解放自己。

"自我"是个天生的演员。小时候学着将这个不可名状的东西界定为"自己"，确定自己在世间的位置时，大人们就开始教你在事物之间划分一个界限，慢慢地，将所谓的"我"禁锢在一个狭小的"自我"里。

一旦将自己和外面的世界、外面的人分别开来，你就开始根据自己的喜好、以往的教训、环境的需要、身体条件、遗传因素、经历以及决定肉体和精神的种种条件，为自己设定一个身份。身份的形成主要在人生的最初七年，此时的"自我"可以看作一位准备登台的演员。它挑选戏服、背台词、了解出场顺序、走台步，甚至选择离开化妆室，站在一群"自我"组成的观众面前扮演自己的角色。然而它又不同于普通的演员，演员知道自己在舞台上扮演的角色，而"自我"一旦上了台，往往忘了自己的身份而假戏真做。就像哑剧演员的面具在脸上生了根，掩盖了他的真实面目。

老去叫许多人怅然若失的一个主要原因，是它让人觉得自己的角色被剥夺了。当你迈入老年的门槛，面对年老体衰、子女离家、无所事事、亲人离世，似乎见到舞台谢幕、观众离席，一股失落感会随即涌上心头，让你一时间不知所措，也不知道自己到底适合什么样的角色。这样一来，一向在乎在公众眼中形象的"自我"，面对自己的龙钟老态，会变得愤怒、绝望甚至麻木不仁。"自我"也许能通过往日的角色来证明自己，但这是一场注定失败的斗争，只能为你带来更多的苦难。

当你学会分辨由意志和观念界定的"自我",以及不受这些限制的灵魂时,你会看到老去提供的机会。如果将自己与所扮演的角色分开,你就会明白"自我"为什么要抱住已经不再合适自己的行为和概念不放了。被剥夺了角色,"自我"就像一句被揭穿了的谎言。这对没有灵性生活的人来说,未免是一场悲剧,但对追求真理、了解灵魂的人来说,这只是一个开始。

　　与其劳神费力地为自己虚构一个新的"角色",你倒不如这么问问自己:身为老年人,我该如何在这个世界上传播自己的智慧。展现了自己的智慧,你可以在参与和隐退之间找到一个令自己满意的平衡点,同时你也要记住,虽说你肩负着社会的责任,但你还应该通过冥想静下心来,借此加深自己的认识,为死亡之旅做好准备。

退休的恐惧

　　在工业革命后兴起的物质主义社会中,生产率备受推崇,随之而来的是对退休的恐惧。似乎一旦你不再有产出和成就,就失去了人生的价值。

　　记得小时候,只要我有了成绩,妈妈就会在冰箱上贴个金色的小星星,她教导我说,得到的星星越多,我越有价值。纵观我们的一生,大多数人都是在类似的环境中长大的。这样一来,等到了老年,社会剥夺了你成就事业的机会时,你感到失落、茫无目的也就不足为怪了。

　　人们大都坚信成就代表人生,却没有认识到成就不过是人生的一部分。随着岁月的流逝，这种靠成就来维持存在感的机会越来越少，你会有一种无聊、消沉、绝望、无能为力的感觉。像坐在树下静静地听着音乐这种虚度光阴的生活，常常萦绕在老年人的心头，挥之不去、召之即来。人们太需要外界的认同来确定自己的人生价值，往往因被排除在成就之外而郁郁寡欢。

这样的处境虽然艰难，却是你摆脱以往错觉的一个良机。正如大多有过"空巢综合征"这一经历的妇女所言，正是失去了一贯担当的母亲一角，以及由此产生的失落感和空荡荡的家，她们才开始了一段全新的生活。"自我"丧失了赋予它身份和价值感的劳动者角色，这一转变让它备受煎熬，一旦你让"自我"不安，你也就得到了从灵性层面学习的机会。你撇开了角色认同，等于是给"自我"来了个釜底抽薪。

学会了依靠灵魂，我们才能摆脱老与少的思维定式。如果我走进医生办公室，将那位穿着白大褂的人看作和我一样的灵魂，我便不会再觉得自己是个专家面前的无知者。

我曾有过一次角色转换的经历，那是我去医院动一个肩部手术。进了医院的大门，我不仅是个"老者"，还是个"病人"。住院处的一位女士认出了我，一番交谈后，她说："您是研究死亡和临终病人的，不知道您能不能和我的同事谈谈，她刚刚失去了丈夫。"

我问她朋友，"您丈夫是什么时候过世的？"

"五个月前吧。"她答道。

我又问，"那你还好吗？"接着我俩谈起了不幸，说到不幸像大起大落的过山车，说到爱能超越死亡。一番简短的交谈，我俩彼此敞开了心扉，两个灵魂一同体会她不幸中的微妙之处。五分钟后，我离开她的办公室时，俩人都感到耳目一新。

当性欲减退

在一些老年人的团体中，我很难提及性欲减退这类话题。许多人对这一话题讳莫如深，对我的坦然相告，他们不是羞于搭腔，就是误会了我的意思。于是我给他们讲了下面这则故事：一天下午，有位老人正在街上走着，突然听到有个声音说："喂，你能帮帮我吗？"他向四周望了望，一个人都没看见。于是他又继续往前走，这时那个声音又说："喂，你能帮帮我吗？"他再次停下脚步，望了望四周，还是一个人都没有。这次他仔细地查看起来，碰巧眼光落到了人行道上，只见人行道上有一只大青蛙。尽管觉得跟青蛙说话有点尴尬，他还是问道："你是跟我说话吗？"

出乎这人意料的是，青蛙答道："是啊。你能帮帮我吗？"

这人非常好奇，于是问道："那你要我怎么帮你？"

青蛙说："是这样的，我受到了诅咒。如果你吻了我，就能帮我解除身上的诅咒，我就变成一位爱你、满足你一切需要的美女，我会照顾你，陪你共度良宵，让你幸福、快乐。"

这人站在那儿想了又想，然后捉起青蛙，放进了自己的口袋，又继续散步。刚走几步，青蛙说："嗨！你忘了吻我了。"

这人说："像我这把年纪，有个会说话的青蛙更有趣。"

这个故事幽了我们的困境一默。老去就是这样：身体一日不如一日，性角色也随之发生了变化，甚至是没了性欲。正如我们曾经有过的性角色改变一样，青春期时，我们在性欲和自我形象上经历了一次大的转折，觉得如果没有了先前的冲动之后，自己又算个什么。肉体上的热情消退以后，对这种转变了的男女关系，会在一时间感到极其的失落和茫然。正如交换棒球卡和洋娃娃的兴致一朝被约会所取代，你会发现自己因不同的理由而受不同的人喜欢。

就我个人的经历来说，从性伙伴到"可有可无"这一角色转变，对"自我"来说是相当可怕的。都到了五十多岁，我仍然不遗余力地向身边的人展现自己的魅力。但随着年龄的增加，我愈发力不从心。人们对我的态度也跟从前大不一样，他们对我更加尊敬，却少了欲望。一开始我心里还非常矛盾，总认为这是年龄的错，好像谁夺走了我本该有机会享受却没能好好享受的东西。对失去的机会，我懊恼不已，整日对本该有却又没有得到的欢愉想入非非。这种情形持续了好几年，但我最终平静了下来，不再自怨自艾。当然，这并不是非得要老年人放弃性生活，许多人到了七八十岁仍然"性福"不已。不过，性欲减退了，也不失为一桩好事。

欧米伽基金会曾主办过一场有关明明白白活到老的座谈会。会后，一位男士走到我跟前，骄傲地对我说："我七十六岁了，每天还有晨勃。"对他的话，我毫不怀疑。印度有很多百岁高龄的瑜伽师每天还能晨勃。我认为这没有年龄限制，只要你能集中意念修炼内功。瑜伽师可以运用这种力量随心所欲地过性生活。

这事儿的背后其实也有隐情，正如你我进入青春期后不再集棒球卡，上了年纪后，除非性能丰富我们的生活，否则我们无需积累这一方面的经验。没有了性欲，你也无需觉得日薄西山。

性欲的减退，不论是从内心还是外表，女性有着和男性一样的困惑。幸亏科技的发达，如今的女性在更年期后有望享受三分之一的人生。但一旦失去了诸如性对象、妻子和母亲的身份，这个社会如何看待她们，许多女性都感到困惑不已。

有位女性曾经对我说："如果走在大街上，人家瞧都不瞧我一眼，我会觉得自己不存在似的。"失去了这种地位，不再是家庭的中心，让许多女性很难找到一种新的角色。这与举行仪式庆祝进入晚年的社会大不相同！比如在犹太社区中，女性最小的孩子成家时，人们往往要举行仪式，庆祝她成为"干巴老太婆"。

别人眼里的落伍者

我们是在一个充满困惑的年代遭遇这一挑战的。当今社会对睿智的长者、老头老太太和诸如此类的人没有多少耐心。万幸的是，随着婴儿潮这一代荣膺了长者这一称号，我们有了改变这一局面的机会。这些人大都生长在灵性时代，不想做别人眼里的落伍者。

就在不久前，老人在家中还有着举足轻重的地位。由于当时的经济和社会结构，人们自认为是家庭、邻里、国家、生态环境这个复杂的自然和社会网络的一部分。

当今社会中，老年人在日常生活中不再占有举足轻重的地位，祖父母、父母、叔伯婶娘、孩子几代同堂的大家庭逐渐向小家庭（甚至单亲家庭）转变。这一变化让大多数老年人失去了发挥作用的舞台，在相关的大环境中丧失了自己的地位，觉得生命毫无意义。

除了觉得被排除在家庭和社会之外，老年人还断绝了与大自然、生态环境的联系。这让老年人一时难以适应现今生命的自然进程。生活在人造的乡村和城市中，你很难切身感受到生老病死这一生命的自然轮回。

丧失了社会和家庭中的地位对老年人的负面影响，在几年前拜访欧伦·里昂（Oren Lyon）时我有过深刻的体会。欧伦是纽约州欧农达加部落（Onondaga）的首领，年轻时曾是纽约一家广告公司的经理，晚年叶落归根，回到了家乡。在他的部落里，一个人的身份由七代人构成，也就是他之前的三代，以及他之后的三代，但从欧伦的话中，我能感到他深深的绝望。他告诉我，孙辈们听不进他的话。

作为一名移民的后代，我很难体会这种靠祖辈和后辈维系自己身份的概念。来到这个充满梦想和希望的新世界，我的祖辈们迫不及待地要忘记过去、迎接未来。这种向前看的观点的确带来了很大的进步，但也让移民的后代丢掉了自己的根，让这些正在老去的一代丧失了历史归属感。

不久前，我参加了一个名为"老人圈"的活动。老年人坐在圈子的中央，年轻人坐在老人们身后。我们按美洲土著人的习惯使用了发言棒，内圈的人只要想发言，就可以拿起发言棒，与大家分享自己的智慧。内圈的人都说："这是一个我完全陌生的角色，因为以前从来没有人说我是智者。"他们因为这个分享自己智慧的机会焕发出了新的活力。

由于不知如何对待老年人，当今社会因而丧失了老年人赋予的独特品质。令人遗憾的是，老年人却对这一品质茫然不知。你不要忘了，年轻人是不会拜匐在你的门下，说："啊！老先生，您身上有一些我们需要的东西。我们需要您的智慧和观点。"在当今社会中，只有保持清醒，你才能感悟出老年人的智慧，知道该如何分享。当你能明明白白活到老时，自然会显露出诸如毅力、正义、耐心、审慎这类社会亟需的品质。不过，这些品质只能来自经年摸索而来的不偏不倚的认识。

信息越发达，人与人的相聚越难

转变了角色，老年人对社会的认识、以及随老去而来的孤立感也会发生变化。我和越南的一行禅师谈到此事时，他说尽管这是一个信息时代，科技发达，人们可以迅捷地与别人进行交流，但"（高科技）无法让父子、母女、朋友和朋友团聚"。

虽说人与人之间的关系在人生的各个阶段都在发生着变化，但随着我们一天天地老去，你很难找到一种能取代人际关系的代替品。为了排遣寂寞，一些老人有时候甚至会走上极端。我曾读过一篇文章，说的是一位日本人，由于他太忙，就找了一对夫妇带着孩子替他去看望年迈的父母。两位老人一整天都假装他们是自己的家人，谈论孙子的健康，孙子又长大了不少之类的话题，临别时，这对"代理夫妇"还答应很快还会来看望他们，之后，这位儿子付了一千五百美元，算是给他们的付出和演技的报酬。

其实，照顾别人也是排遣寂寞的一种方式。为了这种需要，有些老年人毅然承担起帮助别人的责任。劳拉·赫胥黎（Laure Huxley）创办了一项"关爱计划"。这是一个设在购物中心、供父母购物时寄存孩子的公共场所。这里有专业的儿童护理人员和一些老年义工，老人们志愿来带孩子、抱孩子，双方都从这一接触中受益。虽说上了年纪的人大都渴望安静，但人生来就有社交的需要，要想免遭痛苦，在明明白白活到老这一课里，必须有满足这种需要的方法。我们渴望身边还有别人，渴望通过他人来证明自己的存在。

我认识一对老年夫妇，丈夫是位心理医生，妻子是位冥想教练，二人有一座又大又漂亮的房子，养育了一大帮子女。孩子们长大成人后都搬出去组建了自己的家庭，留下他俩独守这幢空荡荡的大房子。有一天，俩人说："这多浪费啊！这么好的房子就我们俩人住。干嘛不把地下室修修，咱们搬进去，楼上留给孩子们住？"儿孙们都搬回这幢房子，我朋友得以几代同堂，享受了天伦之乐。

由于种种原因，我的另一位朋友不期有了一个孩子。六十九岁那年，她成了一个六岁孩子的唯一监护人。她是位知识女性，长年到世界各地去演讲，并著书立作，这种生活突然间被一个丢不开的孩子打乱了。最初的几年，她整天唉声叹气，但渐渐地，这一切悄然发生了变化，她和孩子开始相亲相爱。她甚至承认，自己的生活因这个未曾料到的改变而更加美好。

即便是像一行禅师说的，科技并不能让亲人团聚，但网络却为老年人提供了一种截然不同的联络方式。人们可以不受地域的限制，在这个奇妙的新世界里相聚，共度美好时光。

国立公共电台最近播出了一档访谈节目，说的是一位妇女通过网络和全国各地的人交流，借此度过了丈夫去世后的阴影期，排遣了她的孤独。一年后，她成了网上聊天室的主持人，专门安抚和支持刚刚失去丈夫的妇女。我有一位年近七旬的朋友，最近在教一位比她年纪还大、卧病在床的邻居上网。还有一位喜欢园艺的朋友，与别人创建了一个国际性的网上园艺聊天室。可以预见，电脑将免得我这样的老年人拖着患有关节炎的腿受旅途劳顿之苦，在教育和社会活动中起着越来越重要的作用。

这些活出自己的方法，并非像我们想的那样遥不可及。遗憾的是，许多人却想不到这些方法。如果抱着不想给别人添麻烦，也不想别人找自己的麻烦的想法，不管出于什么原因，都会让自己成为孤家寡人一个。

通过与上百位老人的交流，我注意到，自诩独立的人其实都很寂寞，成了守在窗前度日如年的埃莉诺·瑞比[①]。独立的"成果"很快为无人理睬和遗弃感所取代，在"自我"和外界横起了一堵坚不可摧、难以逾越的墙。不论是羞于自己的衰老，还是怕依赖别人，上了年纪的人都要时刻警惕这一孤立自己的倾向。要打消这一念头，你不妨到社区活动中心或老年人聚集

---

① Eleanor Rigbys，披头士歌中孤独的老人。——译者注

的场所走走，或者参加一些灵性团体和专为各种年龄层次的人建立的社团。

学会成为一个依赖别人的人

依赖别人是多数人的一大心理障碍，尤其是按我们这个社会的价值观来评判。由于人们看重的是自主和独立，依赖别人、需要帮助会给人一种渺小、脆弱的感觉。我们鼓励帮助别人，却不愿接受别人的帮助。

自从得了中风后，我确实碰到过不少这样的问题，切身体会到"自我"给我制造的麻烦。一开始我觉得无所适从，只能面对让我想躲起来、不愿接受别人帮助的局面，"自我"的固执和倔强最后发展成"两岁小儿"的阶段，也就是拒绝父母的帮助，但这一阶段不知不觉间被带到了晚年。

如果你从来不知道如何寻求帮助，这就成了一道难以逾越的障碍。要是羞于启齿，你会想方设法否认这一需求。你非但不肯接受别人伸出的援手，反倒在有这一需要时闭口不提，难以生出感恩之心，让大家觉得生活了无乐趣。我发现，在我们真正付出和得到时，助人者和受助者、有能力者和无能为力者之间的这条界限就消失了。

成了一个依赖别人的人，对你我来说是一个人生的转折点。反过来说，如果你对这事推三托四，或者是怒不可遏，不仅是在自寻烦恼，还叫照顾你的人心生不快。想想这样的场面着实滑稽，双方不仅难以真诚地交流，反倒装着自己什么事都没有。

要是你必须依靠别人，何不快快乐乐地去依去靠。这虽说不容易，但我做到了。是不能开车让我做到了这一点。我一向是个爱车的人。一位朋友有辆漂亮的宝马，我喜欢开着这辆车去旅行。最终我从她手上买下了这辆车，只可惜我得了中风，没法开。我曾幻想着有朝一日能开这辆车，修理它，但后来倒是我自己被"修理了"。照顾我的人说，开这样的好车真爽，听到他们这么说，我心里很高兴，可后来我发现，我要想坐车，必须得有人做我的司机。想到这一点，我有点不开心，开始妒忌那些能开车的人来。这样一来，他们反倒不自在了，好像做我不能做的事，有愧似的。

有一天，我的态度发生了转变，我没有说："唉，我开不了车。"而是这么想："好啊，伙计！我的宝马有司机了。这回我可以好好欣赏一下风景了。"我对这段旅程津津乐道，为我开车的人也乐此不疲。我快乐，对方也快乐。

如果从灵魂的角度看待依赖别人这件事，你会有一种释然感。你看到的不是深陷在无能中不能自拔的"自我"，而是灵魂间相互付出关爱。与其恨自己依赖别人，自责不能像从前一样独立，倒不如将这一处境当作增进亲情和友情的机会。

中风前，我做梦都没想到自己能这样坦然地接受别人的照顾，或者说能允许别人这样"侵犯我的隐私"，但这些经历给了我很深的感触。这就是我们称之为不幸的矛盾之处：大不幸往往是你的大幸。我这么说并不是要你盲目乐观，没有人希望什么都要依赖别人，或希望自己生活不能自理。我不过是承认，这一角色每每发生了转变，我们往往会惊叹这意想不到的益处和其中深奥的知识。

当你见到一位需要帮助却又不自怜、不自怨自艾的人,你会发现帮助他是一件轻松愉快的事。帮助这样的人会让你觉得自己收到了一份礼物。这不正是人与人之间的追求吗?相互道别时,你们都会认为自己从这次交流中受益匪浅。

从灵魂的角度看待肉体,你会发现,人与人之间的交往并不只为了生存,也不仅是为了吃穿用度、关心别人和要别人关心,而在于映照彼此的内心。其他的一切不过是个点缀,是交流的媒介。罗伯·李曼(Rob Lehman)是我的一位挚友,他在给我的信中写道:"在追求真理的道路上相互帮助、互相支持,乃大爱。"

需要别人的帮助无须讳言,对到老时不断变化的需求坦诚以待,需要铃木禅师所谓的"小学生心态":不带偏见、不抱幻想,对每一刻都感到新奇的能力。

我们不愿开口寻求帮助,往往是因为不想麻烦别人。但"麻烦"或被需要的人"麻烦"到底又是个什么概念?要想关注自己和身边人的需求,我们必须反省自认为理应如此的事,以及"我是谁""我应该怎么做"的思维方式。

我越过了这道坎,是因为父亲病得生活不能自理,继母要我过去帮忙照顾他。一开始,我总认为是父亲的病打乱了我的生活,许多事想做都做不成。我有计划、有打算,唯独照顾父亲不在此列。但我又不能推卸责任:父亲给了我生命,如今他需要人照顾。尽管我已五十多岁,只是我没成家,改变生活方式比其他兄弟姐妹要容易些。但这不是简单的放弃。从六十年代开始,我想尽办法和家人保持距离。每次从印度修完高强度的灵修课程回来，父亲都会问我有没有找到工作。我认为他永远也不了解我这个儿子。但如今他已八十多岁，年老体衰，需要我去照顾。

于是我搬到父亲和继母家的一间地下室。刚开始我是满肚子的怨气，总想着自己做出的"牺牲"，但听着人家夸我是个好儿子，把父亲照顾得这么周到，心里又很受用。日子一天天地过去，我对孝顺儿子这一头衔的兴趣逐渐消退了。最后，我和父亲只是两个待在一起的人，确切地说是父与子，甚至可以说是两个互敬互爱的灵魂。此时，谁依靠谁已不再重要。

父亲去世时，我发现自己得到了一份厚礼，感谢上天让我不再迷恋表面上的"自由"，以及自认为理所当然的生活方式。我们之间发生的一切似乎再恰当不过，我小的时候父亲照顾我，父亲年迈时我照顾父亲，这段经历给了我一种和谐与成就感。

权力和地位早晚会失去

"自我"的价值取决于它在世间扮演的角色，而扮演这些角色的主要动力是权力。因此，为免得晚年时失落和痛苦，你要注意自己迷恋的到底是哪些权力。

衡量权力的标准多种多样：如银行里的存款、持有的股票、迷人的身材、统治的人众、能否掌握自己的命运，等等。无论迷恋的是什么，这些权力的"象征"都能让你深陷其中，难以自拔。随着年龄的增加，当这些外在的权力象征不复存在时，你才知道自己陷得有多深，才知道追名逐利最终是枉费了力气。

我曾遇到过许多有钱有势的老人，看着他们害怕自己失去拥有的一切，这一幕常常让我感慨万千。越是不肯放手，心里就越是痛苦，因为他们发现权力和地位并不能让自己安享晚年。老实说，"自我"对权力的迷恋和担心失去这种权力是密不可分的，也因此成了许多人痛苦的根源。

不过，有一种力量不会引起恐惧。这就是灵性的力量，即大彻大悟。当你认为灵魂的力量高于世俗的权力时，你对老去所持的观点也就相应地发生了转变。记得有一天，我和导师坐在一起，印度总理甘地夫人的车队浩浩荡荡地从附近经过。这时，裹着毯子坐在板凳上的玛哈拉摇了摇头笑道："你瞧，她不过是个凡间的国王。"这一刻，从灵性的角度来看，这排场和仪式就像一队小小的玩具兵，显得天真、幼稚。他的意思是说，世俗的权力如一现的昙花，因此人们才会担心失去。

几年前的一次经历，让我对此有了切身的体会。那时我正在马莎的葡萄园和格尔曼（Goleman）兄弟一起度假，两人就像是我的小师弟。

我们经常一道沿着沙滩散步。这里经常有人认出我，对我点头示意。

一天，有个男子走到我们跟前说，"我好像在哪儿见过你。"我谦虚地笑了笑。紧跟着他又问，"请问您是不是丹尼·格尔曼？[①]"我这才恍然大悟，知道他原来不是对我说的！谦虚的笑

[①] 丹尼·格尔曼的著作《情商》（Emotional Intelligence）曾荣登《纽约时报》畅销书排行榜达数月之久。

容当即僵在了我的脸上。接着那人指着我问丹尼："这是您父亲？"不用说，我的明星梦当即跌落尘埃。

人退休并不代表心也退了休

关于失去权力和地位的一个常见的话题就是退休。工作除了给我们权力感，还能打发时光，让我们觉得有人需要自己。由于我们所受的教育是将工作看作谋生的手段，一旦没有了工作，萦绕心头的便是一种无用之感。

记得十几岁时，我和父亲的一位朋友打牌。这位 76 岁的老人是一家大型纺织公司的负责人，一直为了将所有的工厂迁出新英格兰、搬到劳动力低廉的南方伤透了脑筋。我问他，像他这么富有，为什么还非得要做这些事，干吗不退休去安享晚年，这事让别人来做好了。他痛苦地回答，他不知道除了这，自己还能做些什么。有人曾问过大企业家卡内基（Andrew Carnegie）一个类似的问题，他的回答是："我忘了别的事怎么做了。"虽然背景不同，但他们的境况和一位古代中国人如出一辙，这位中国人挑了一辈子的柴，临终前有人问他有什么遗憾，他回答说，自己唯一的遗憾是没法再挑了。

三年前，我去拜访一位九十二岁的老人，这位老人引以为傲的是按四十五年一贯的作息时间来工作。他把自己当作一个每天都在接待顾客的楷模，但在他成功的背后，我看到的是令人心酸的一面。尽管他成功地保住了自己的角色，而且真心帮助别人，但要是没了工作（年龄随时会让他无法工作），他会迷失自我。他不愿改变自己的形象令人感动，从"自我"的角度来说，甚至是勇气可嘉，但从灵魂的角度来说，却叫人久久不能平静。

以上的每一个例子中都有对失去权力和角色的恐惧，退休前后，对无事可做、无事能做的担忧愈发突出。为打消自己的恐惧，人们常常积极投身到一些活动当中，如做义工、四处旅游、参加兴趣小组或者做兼职，借此来维持一丝目的感。忙碌固然没有错，但推动这些活动的拼劲的确会产生心理上的阴影。换句话说，能平静下来，直面诸如退休引起的恐惧感，要比借忙着填补空余时间来逃避这种感觉更有学问。如此一来，你倒是有机会问问自己，为什么要担心无事可做，忙个不停到底是为了逃避什么。不用因恐惧而惶惶终日，你会发现这些担忧来得好没由头，这些担忧比他们死抱住不放的错觉和臆想还要糟。正如盖依·路斯（Gay Luce）所说的："因忙碌和高效率受人称赞后，一旦无所事事，你会有一种负罪感。"这种心态在物质主义和崇尚年轻的文化中成了一种通病，对需要在宁静中唤醒智慧、在清醒中老去的人只会适得其反。

与其将退休看作人生的终结篇章，倒不如把这当作一个机会。尽管这一转变一开始令人困惑和恐惧，但我曾见过由此得来的喜悦和闲适。越是固执地守着劳动人民这一角色的人，往往越是能欣然放手，以新的方式来排遣自己的精力。

佛罗里达·史考夫-马克斯维尔现年八十三岁，对她这样的老年人来说，这表明他们已经适应了晚年生活。她写道："年龄让我们变得无所事事、空虚、没人要、没事做……现在我深信，这份自由是岁月的积累，我这会儿还不想有人打扰我变老呢！"

在有些退休人士眼里，赋闲并不是件好事。1995年秋，我参加了"戈尔巴乔夫世界论坛(Gorbachev World Forum)"。与会的四天里，我认识了一些杰出的老年模范，其中有一位叫芭芭拉·威拿(Barbara Weidner)，这位八十多岁的女士是一位天主教徒，同时也是"祖母和平团"的一位负责人。我问她为什么要从事和平活动，她说："一开始我是这样想的，'我该留给孙辈们一个怎样的世界呢？'看着眼前的世界，我非常难过。于是我打定主意，要为此说点什么，做点什么。"

她说："我做了一个牌子，上面写着，'一位提倡和平的祖母'。每到一处，我都举着这个牌子来表达自己的主张。后来在一次军工厂门前的示威中，我和一些人跪在路上组成人障，阻止运送军火的卡车。我被警察抓了起来，他们把我带到了监狱，剥光了我的衣服，搜了身，然后投进了牢房。那一刻，我突然发现，除此之外，他们拿我没办法。我是个自由人。"

从那次事件以后，芭芭拉的足迹遍及世界各地，每到一处，她都会与当地的祖母结成联盟，宣扬她的和平使命。她曾深入到墨西哥契亚帕斯山区，向当地的武装分子宣传自己的思想；她去过战火纷飞的尼加拉瓜和车臣战场；还参加过北京世界妇女大会。她对祖母们说的一句话是："我们的力量在于我们对子孙们的爱。"我从她身上见到的，正是当今世界亟需的品质，这一珍贵的品质只有老年人才有。这是一种慈悲的胸怀，它并不是出于正义，而是她深谙和谐世界后感情的自然流露。芭芭拉用行动向我们证明，退休并不代表心也退了休。

撇开众望，按自己的人生观生活

帮助病人和临终者，是非常适合老年人的一项工作。过去三十年的经验，让我了解了自己，也了解了我曾经帮助过的人。说句实在话，我常常觉得自己像眼前这些饱受煎熬的人的学生。等有朝一日自己要面对老去和死亡时，陪伴他们走过人生的最后一程的经历就是最好的学习。

三年前，在巴西的一次会议上，我做了一场后来自认为非常重要的即兴演讲。我说："在蒲团上打坐的间隙停下来想一想修行，发现种什么因得什么果，你会觉得非常耐人寻味。"换句话说，你种的因就是你现在的修行这件事。这句话引起了很大的反响。会后有很多人对我说，这句话说得千真万确，能让他们从全然不同的角度看待自己的人生。

鉴于当今社会轻视对生产率没有贡献的人和机构，因此我们务必要将自己的价值观和周围人的分别开来。尽管有芭芭拉这一特例，但像侍花种草、含饴弄孙、总结人生这类老年人喜欢做的事，你也别指望能赢得众人的赞誉。练习内观、认识自己的恐惧、解开奋斗了一生的心结，也没有实质上的报酬。人上了年纪，最重要的是淡泊名利。正如许多老人说的，变老的最大好处是不在乎别人如何看自己，可以自由自在地生活。在进入老年前，你就应该撇开众望，按自己的人生观生活。

我就是一个鲜活的例子。当时我在哈佛任教，主讲职业辅导这门课。我曾要学生设计一个能体现自己价值观和能力的工作。然而，遭学校解雇（事实上是被整个学术界扫地出门）后，我自己教授的东西派上了用场。我仔细审视了一番自己的价值观，为自己的人生和职业定了位，然后作了一系列影响我这三十年的决定。我给自己的定义是：在家中，我是个叔叔；在政界和商界，我是个弄臣；在社会上，我是位社科学家。后来我认识到，我要远离权力斗争，做一个智者——拉姆·达斯。

这一招的过人之处，在于我的成功不受年龄限制。越是老，我越是贴近了我既定的"无我"境界。随着时间的推移，我做得越来越好，迎合了前来求助者的需要，道出了大众的智慧。我的演讲常常以这句话开头："女士们、先生们，晚上好！我叫拉姆·达斯，印地语的意思是上帝的仆人，也是专门侍奉拉姆的猴王哈努曼的别名。近年来，我把 RAM 这个字看作 Rent-A-Mouth（出租自己的嘴）的缩写。我认为今晚各位就是来租我这张嘴，说说你们已经知道的事。我是怎么知道的呢？因为我每说一件自认为非常深奥的东西，你们都会点头称是。你们要是不知道这个道理，怎么会点头呢？但如果你们明白了这个道理，为什么又要雇我来讲？所以到目前为止，我唯一能下的结论就是，出于进化的需要，我们必须一而再、再而三地重复这句话，直到我们牢记在心里。"这招还真管用。

虽然这点才能给了我一席之地，但我尽量对它淡然处之，我知道这席地随时都会失去。比如说我得了中风后，我无意也无力在公众面前演讲，尽管我时常怀念众星捧月的感觉。我庆幸自己没有丢不下这份工作。

过分执着于一个贤明的形象，实则是不智之举。在明明白白活到老的过程中，我们渐渐懂得了世事的无常，就像我们的嗓子。了解了自己在生命中的位置，学会将个人和灵性力量分开，是灵性成长的关键一步。

言行不一是老年人的福利

甘地曾领导过一次抗议英帝国暴政的游行。当时参加这次游行的人有数千名之众。他们放下手头的工作，不远千里来参加这次示威，但就在暴力一触即发之际，甘地命令副官取消游行、遣散群众。群众不愿意走，请求甘地再做考虑，甘地的回答体现了一个毕生都在修行的人的谦卑。他说："神的真理是绝对的！我是个人，我只了解相对的真理。因此，我对真理的理解每天都在变化。我宁可言行不一，也要坚持真理。"

与此同理，面对岁月投来的飞刀，我们必须抛开传统观念，允许自己言行不一，根据需要调整自己的计划和态度。人上了年纪肯定会发生许多意想不到的事，你应该学会灵活应变，而不是墨守成规。正如爱默生说的："墨守成规实则是小心眼的行径。"其实，言行不一是老年人的一大福气。可以任由你"古怪"，任由你抛开常态去装疯卖傻。我手上一直保留着两篇反映这种心态的文章。第一篇是八十五岁娜丁·斯泰尔（Nadine Stair）写的：

"如果此生能重新来过，我要多犯几次错。我要好好放松一下，去健健身。我会比现在傻气，不用凡事都那么较真。我要去冒险，去爬高山，去游大河。我会扔下健康的谷物和豆子，狠狠地吃冰淇淋。也许这会给我招来麻烦，但我管不了那么多。

你知道，我一直是个乖巧、明白事理的人。哦，我也有过春风得意的时刻……要是能够重新来过，这样的时刻会更多。其实，我只想过好每一刻，不像从前一样争分夺秒地过。我是个但凡出门都要带上温度计、热水瓶和雨衣的人。如果能够重新来过，我会轻装出门。如果此生能重新来过，我会光着脚丫从早春走到深秋。我会有舞就跳，逮着旋转木马就骑，看到花想采就采，好好享受每一刻。"

第二篇是珍妮·约瑟芬写的一首题为《警告》的诗，说的是她打算用搞怪来自得其乐：

等我成了个老太太，我要穿一身紫，
戴顶不搭配也不适合我的
红帽子。
我要把退休金都拿来买酒
蕾丝手套和缎面凉鞋，
然后说："我没钱吃饭了。"

累了我就坐在马路边。
大吃商店里的样品，
闲得无聊就按警铃，
拿手杖划街边的栏杆玩，
来弥补我年轻时的矜持。
我要穿着拖鞋在雨中嬉戏，

摘人家院里的花朵，
学人家随地吐痰。

可以穿奇装异服，
可以发胖，
一口气吃三磅香肠，
也可以整个一周仅以面包、咸菜果腹，
把钢笔、铅笔和鞋垫
这些杂七杂八的东西都藏在盒子里。

是啊，可我现在要穿衣吃饭，
我得看报纸，
要地方住，
不能骂大街，
要为孩子们树立一个好榜样。

不过，也许我现在就该穿上紫衣服，
免得等有朝一日我突然变老了，
认识我的人惊讶不已。

卸下肩头的责任，关注心的交流

老年人的心中并存着两种价值观：一是希望在别人的眼里是一副朝气蓬勃、自信满满的形象；其次是卸掉身上的重任，过上安闲、宁静的生活。尽管这种内心的转变在别人看来有点不妥，是个有待解决、令人担忧的问题（我怎么了？我以前就是这么好动）。但这不过是老去的一个正常形象，不是痴心妄想，也不是逃避外面的世界，而是源于大限来时的深沉，是反省人生的愿望。

我们需要创造这样的机会，需要时间想一想我是谁、处在什么地位、这有什么意义。探索其中的奥妙、反思人生的意义是一种深切的感受，慢下你的脚步是把握这一机会的唯一途径。

一些寻求灵性的人经常写信给我，说这是条寂寞的路，他们身处穷乡僻壤，周围少有人能理解自己的感受。他们在寻找团契，寻找一些团体，希望和志趣相投的人探讨与老去相关的话题，如死亡的秘密，怎样清醒地面对身体、社会和心理这类问题。社团帮你改变观念，同道中人帮你始终不偏离常轨，提醒你别迷失了方向的时候，可以说是人生一大幸事。有明了之人相伴，不仅能坚定你的意志，还可以抵制有损老年人智慧的社会风气。

在寻求智慧的道路上，你要寻找一切机会与他人交流，如若不然，你要想方设法保持与外界的联系。书就是一种很好的媒介。以往的那些日子里，我长年在外奔波，身边并不是总有志同道合的人相伴，于是我把《道德经》和《法句经》（*Dhammapada*）当作修行的挚友和命根子，一直带在身边。我还有一位好友的祖母是位基督教科学派成员。虽说她是个俗人，但这些年来，她一直坚持一天不落地朗读经文。家人担心，等年事渐高后,她可能因此不肯接受正规的治疗,但她用修行来保持清醒的头脑似乎非常开心。

与外界的关系渐渐由"外在"转向"内心"后,我们卸去了肩头的责任,转而关注心的交流,看重与家人、朋友和社会的关系。虽然你仍活跃在社交场上,但你也不会忘记老年是一个回顾和反省的时刻。卸去肩头的重任,抛开呼风唤雨的权力,你可以不用理会"自我"的叫嚣,关注匆匆而过的分分秒秒。了解了这一点,你会在一方平和、安详、静谧的空间和芸芸众生的爱中创造一段全新的生活,觉得自己的生活比以往更加丰富、多彩。

第四章 · 临终关怀的重要意义

临终关怀有着深远的意义：死亡是一个自然过程，无需介入太多。对希望清醒地面对死亡的人来说，临终关怀也许是一个理想的选择，免得医生不惜一切代价强制你活着。

当至亲离世后,死神更近一步

灵魂没有生日
也没有死期
永生永世
生死只是场梦
无生、无死,永不变
灵魂永远存在
死神也奈何它不得
——《薄伽梵歌》

认识到自己不过是肉体和心智,或二者合一的自我形象,你会从一个截然不同的角度来看待死亡。不论死亡有多扰人心神，你都不用再畏惧。在跳出"自我"、进入灵魂的过程中，你可以坦然地面对死亡。

我无意将这个问题简单化，也不敢说我已经到了无畏生死的境界。自20世纪60年代开始照顾临终病人以来，我可以毫不犹豫地说，面对死亡，我们完全可以免受心灵上的折磨。我曾在印度待过，印度人看待死亡的观点与西方人截然不同。他们会在清醒中迎接这一时刻，带着爱和冲过这一关的力量走完人生最后一程。可见，对人生有了一个更为广泛的认识后，你可以坦然地面对这一刻，从容地为随后的事做好准备。

尽管桑德斯（Cecily Saunders）的临终关怀运动以及库伯勒-罗斯（Elisabeth Kubler-Ross）、乐文夫妇等人的著作对我们有着很大的启发，但当今社会仍然视死亡为敌人，认为死亡是件让人讳莫如深、从心理和生理上都要敬而远之的麻烦事。除了憎恨和落败，物质主义文化又该怎样看待物质的消亡呢？借用欧内斯特·贝克（Ernest Becker）具有开创性意义的著作的名字说，这就是"否认死亡"。否认死亡为你我的归宿营造出病态的恐惧氛围，由此生出种种禁忌。这从饱受暴力困扰的当今社会，以及传媒对安乐死、自杀、街头暴力和战争的津津乐道中不难看出一二。在崇尚年轻和否认死亡的外表下，当今社会其实更加病态。

二十九岁那一年，我才第一次目睹至亲离世。说句心里话，我真希望死神永远不要出现。

母亲患了真性红细胞增多症，我去医院看她时，她身边的人说的都是"你气色好极了""要不了几天你就会出院了"之类的话。但她的气色很不好,好像永远也出不了院似的。我父亲、姨母们甚至拉比①都不肯对她吐露实情。那一刻,她似乎与世隔绝了。她将不久于人世,谁也不愿在她跟前提"死"这个字。后来我和她作了一次灵魂对灵魂的交流,我们谈到了死亡,以及与死亡相关的一些事,之后,她觉得如释重负。这就是我后来从事临终关怀的一个原因。

从那以后,我对死亡的态度来了一个一百八十度的大转弯,这一转变也对我的生活产生了深远的影响。虽然这并没有完全消除我心中的恐惧,事实上,谁也不敢说能泰然处之,但我敢说,如今死神已吓不倒我。心境好的日子里,生与死都一样令我神往。

还得感谢这次中风,它让我离死神更近了一步,我不再执着自己的肉体,而是安身立命,正如一位女圣人说的:"我是一只落在枯枝上的鸟儿,随时准备飞走。"

三问死神

说到身后事,每一种宗教都有自己的说法,但这些宗教都一致认为,死亡是人生中唯一也是最重要的修行。

油枯灯尽时,人们常常会无奈地问自己:"身体之外到底有什么?要是有,那又是什么呢?"没有死亡,我们只能浑浑噩

---

① "拉比"原意为教师,即口传律法的教师。后在犹太教社团中,指受过正规宗教教育,熟悉《圣经》和口传律法而担任犹太教会众精神领袖或宗教导师的人。——编者注

噩地度过一生。死亡是一声起程的号角,是一条无法违抗的指令,它开启了我们的心智,唤醒了我们的灵魂。

柏拉图临终前,弟子们求他再留一句忠告,他说的却是:"死一回看看。"死亡是心灵治疗的最后一个疗程。

自陪伴第一位临终者以来的三十年中,我寻找一切机会与临终者交谈。回想这上百次的经历,我发现大多数人对死亡存在着三大疑问:

1. 我怎样才能度过临终那一段时间?
2. 临终那一刻会有什么发生?
3. 我死后会发生些什么?

面对自己的死亡或眼睁睁看着亲人离去,乃至专门从事临终护理的人,心中都免不了有这三个疑问。有人不忌讳死,但一想到直挺挺地躺在那儿,心里就不是个滋味。还有人说只要不受临死前的那一份罪,他们就不怕死。伍迪·艾伦(Woody Alien)说得好:"我不忌讳死,但死神降临时,我不想在现场。"还有的人怕死于非命,担心自己不能善终。

苏菲派有则故事,命中了这一恐惧的要害。有个人在村子中碰到了死神,吓得浑身发抖,认为死神是冲着他来的,于是他连忙逃到了另一个村子。可他刚到那儿,就又碰到了死神。这一次,死神抓住他的胳膊说:"来吧。"这人说:"死神啊,我是见你在我家村子里,我才逃到这里来的。"死神答道:"不错,我还觉得奇怪,因为我知道一会儿要到这里来接你。"

还有一则故事：

有位弟子问禅师，人死后会有什么。

禅师笑了笑说："不知道。"

"这怎么可能？您是大师啊。"

"你说的没错。"禅师答道。"可我没死啊！"

换句话说，拷问死亡，不一定非得有个答案。但当你探讨这些重要的问题时，你也就是在坦诚深入地改变自己的生活，奇迹般地将无常和死亡的认识带到了现在这一刻。虽说这些年来我有幸陪伴过众多临终者，对自己的殁日也有着充分准备，但却不敢妄下定论，因为每个人的死法都不尽相同，其中的奥秘也难以揣测。诗人里尔克（Rilke）曾说过："对你心中的疑问要有耐心，去爱这些疑问。不要追问没有答案的问题，既然无法忍受，那就记住这些问题。记住了这些问题，也许不知不觉间，你就找到了答案。"

人死后会发生什么

尽管我们没有切身的体会，但从各地的宗教和劫后余生的人口中得知，人的某一部分确实不会消亡。不过到底是哪一部分，仍然是个未解之谜。

有人问一位老挝的佛学大师，人死后会留下什么，他说的是："真理。"印度教大师拉玛那·马哈希（Ramana Maharshi）临终时，一群信徒求他不要抛弃自己，他则说："那我该何去何从？"正如我的一位导师卡鲁活佛说的：

我们生活在幻觉也就是事物的表象之中
但世上也有本相，你我就是本相
一旦你明白了这一点，你就是
看破了红尘
看破了红尘，你就是整个宇宙
仅此而已。

这番话从一位大彻大悟的活佛口中道出，似乎是毋庸置疑的。不过，我们还是不禁要问，人死后到底还会不会存在。要回答这个问题，要看你怎么来看待自己。如果你赞同唯物主义的观点，相信自己只有肉体和"自我"，那答案无疑是否定的。也就是说，人断了气后，也就一了百了了。不过，要是你将认识延伸到了灵魂和觉悟层面，你会发现，身体不过是具躯壳，好比租来的公寓。认识到这一点，你会发现，人死后尽管身体和音容不再，但身后的确会留下些什么。

尽管受到现代化的影响，去过印度大陆的人都知道，当地人十分认同灵魂的存在。印度人认为人的一生只是整个人生的一个篇章，死亡不过是人生的一个转折点，而不是终点。他们不像西方人一样惧怕死亡。印度教徒死后，家人会将他用布给裹起来，放在木板上抬到火葬场。一路上，送葬的人都在唱"Satya Hey, Satya Hah"（上帝是真理）。死是公开的事，这是有目共睹的。尸体就停放在那儿，没有藏着掖着。临到最后，尸体会当着家人的面在河边火化。仪式中，长子会趁父亲的头颅还没有在火中裂开的时候拿棍子把它敲碎。

印度人临终时，身边大都有亲人送终。因此，从儿时起，多数印度人都见证过死亡，用他们的话说是"抛开凡体"，也就是抛开灵魂不再需要的东西。人越是觉悟，死得越超然。许多大彻大悟的圣人都能够坦然地抛开身体，认为这本没有什么大不了的。阿南达玛以玛（Anandamayi Ma）就是这样的一位圣人，有人问她是谁，她的回答则从这一境界解答了人生：

"主啊，我没有什么好说的。我从来没有认为自己就是这短暂的身体。主啊，还没有来到这个世界前，我就是我。我长大了、成了女人，我还是我。生下来时家人为我定了亲，我就是我。即便到了后来，哪怕是我在永恒的殿堂里化作一缕清风，我还是我。"

在印度生活，其实是在潜移默化中学习。周围有千千万万的人这样看待生死，我愈发坚定了自己的信念。

这也从实际上表明了一种人所共有的潜质，也就是说人能够超越身体、意识甚至灵魂，从这无法言表的真谛中求得一份慰藉。

为免有美化东方之嫌，我们不妨来看看西方哲学家和思想家是作何评说的：

"死亡充其量也就是灵魂从一个地方搬到了另一个地方。"
——柏拉图

"兄弟姊妹们！你瞧，这不是无底的深渊和死亡，而是形的结合和安排。这就是永恒的生命和幸福。"

——爱默生

"身后的世界妙不可言,但它是个什么样子,你想象不出,也感觉不到。"

——荣格,写于1944年心脏病发作后

"我肯定活过了千百世,但我还想活上个百千回。"

——歌德

"人活两次和人活一世其实没有什么好奇怪的。"

——伏尔泰

　　身后的世界是一切宗教的主要话题。然而,这并不是说凡是宗教都能殊途同归,得出同一个结论。每一种文化都根据自己的主流观点和宗教神话来诠释身后世界。文化间的差异有如盲人摸象。摸了大象的不同部位后,几位盲人争执了起来。"象就像棵大树!"抱着象腿的盲人说。"你说什么呀,它更像堵墙!"摸了大象身子的盲人说。"它像根绳子!"一位盲人拽着象鼻说。几位盲人吵个没完,然而他们摸的却是同一头大象。

　　人们对神秘经历的认识,以及对身后世界的描述也大抵如此。西藏经文中的"中阴"、卡巴拉(Kabbala)[①]的"大厦"、基

[①] 卡巴拉,犹太教神秘主义学说。

督教的"天堂和地狱"、佛教的"地府"说的都是同一件事，即人死后灵魂进入的国度。神话中常常用"手指月亮"这一形象来描述语言难以表达的玄奥概念。与此同理，尽管难以用语言表达身后的感受，但我们却能明白无误地指出身后世界的确存在。人无法理解超出自己之外的事，死亡正是这"之外"的分界线。

学会跳离自我，从灵魂的角度看待世事，你可以在有生之年思索身后世界的奥妙。这也许有点不足取甚至与现实背道而驰，但要是你对未知世界坦诚以待，这也未尝不可。诗人里尔克说得好："一个人能包容死亡，包容死亡带来的一切……胸怀死志，继续生活，是妙不可言的。"你不禁要问，如果死亡不是终点，那它怎么会影响到我今天的生活？这一没有绝对答案的命题又是如何改变了我的期待、恐惧、悲伤和快乐的？

"一了百了"这一虚无主义的观点会给你一时的安慰，但对那些执着于一个明确的答案，希望死后永生的人来说，最叫人心惊胆战的莫过于归于尘土。如果真的有"业"和"轮回"，知道自己现在的所作所为会影响到来生，你是否就真的积德行善了呢？或者以为来生太远，要靠几生几世才能修得善果，你就得过且过了呢？

如果脱离了现实生活，这些问题很容易陷入没完没了的争论。转世就是一个很好的例子。相信了这个神秘的观点，你自然不会怀疑来世。但这和你的生活又有什么关系？要是你想学习做一个会老的人，还值得你思考来生或者追问前世的点点滴滴吗？其答案是不言而喻的。认识到自己现在的行为不仅影响到周围的世界，更影响到死后不灭的灵魂，那么当务之急是现在就要醒悟过来，过好每一天。

人们大都相信，临终一刻的觉悟会影响人生的轮回。不论相不相信轮回，你不妨善用这一概念，以求得人生终点那一刻的祥和、怜悯和智慧。不过，如果确有其事，你会因为功德圆满，修得一个好的来生。如果没有来世，至少你活得尊严，死得体面。也就是说，你无须对自己的生死下个定论，或者在丧失了内观、勇气和怜悯时心生恐惧。

我曾遇到过几位善良的人，他们在临终时又多了一层顾虑，担心自己太愚昧，死后会下地狱受苦或是来生变个畜生。这一看法无益于你面临人生的最大挑战，而且也不尽准确。拼命要把事情做对的是"自我"，幻想着有个好来生的也是"自我"。虽说我们可以改变认知，求得善终，却无法决定自己的来生。转世轮回是灵魂的事，这是"自我"无法领会的。

有人问佛祖活了多少岁，佛祖答道："假设有座一头水牛能在一天内走遍的山，有一只嘴里衔着丝巾的小鸟，每百年飞越一次，用嘴里的丝巾去磨山顶。将山磨平的岁月，也就是我活过的时间。"

投胎转世在基督教文化中一直是个颇具争议性的话题（特伦托、尼西亚以及君士坦丁堡会议删除了《圣经》中的相关章节），不过近年来，许多西方人开始相信来生。有不少人跟我提起过和不在人世的亲人通灵的经历。

我们一家都是无神论者，就在几年前，我们经历过一件不同寻常的事。每逢结婚纪念日，我的父母都会送对方一朵玫瑰，作为爱的象征。母亲去世后，亲朋好友都来教堂参加她的葬礼。亲友们在母亲的灵柩上撒满了玫瑰，然后将它推出了礼堂。就在灵柩经过父亲时，一朵红玫瑰从灵柩上掉了下来，落在了父亲的脚边。父亲伸手拾起了玫瑰。有人说这朵玫瑰也许是母亲从另一个世界给父亲的问候，在场的人都赞同这一说法，甚至连身为大律师的父亲都信了。这个时候，我们一家人都相信这是一个"奇迹"。

但我们接下来想到的是："怎样保存这朵花？"于是葬礼一结束，我们就四处打电话咨询。几天后，我们把这朵玫瑰装在一个冰盒子里，空运到另一座城市做防腐处理。不久，玫瑰就被装在一个盛满液体的玻璃球里送了回来，父亲将花放在壁炉台上。可惜防腐处理并不理想，玻璃球里的液体慢慢变了色。几年后，父亲打算再婚，母亲最后的问候不尴不尬地横在中间，最后我们只好把它送进车库了事。后来我在车库的角落里把它翻了出来，然后放在供桌上，好让我时时想起人生的多变。

我相信人死后灵魂还在，我也鼓励痛失亲人的人多和亲人的灵魂说说话。这样一来，对生者和死者都有益处。由于多数人全然将生活和自我、人格和身体混为一谈，那么，死亡也许是你和灵魂的第一次亲密接触。

活得尊严，死得体面

临终这一刻是人与死后世界之间的一层窗户纸。这一消亡一开始很慢，然后会逐渐加快，最后将捅破这层窗户纸，你也随之进入灵魂境界。

人人都希望在清醒中离开人世。人人都渴望死得平静、安详，有欢乐、爱，也有尊严，且不说前方还有惊险和刺激。我的朋友艾伦·金斯博格[①]临终时就是如此，最后的日子里，他告诉朋友说自己"玩得开心极了。"

有过死里逃生经历的人多半能欣然告别人世，我们认为死后世界是一个充满阳光和爱、与逝去的亲人团聚的地方。这算得上是好的临终感受了。而我当初濒临死亡时，却难受之极。那是在1963年的一天夜里，我去墨西哥海边游泳。当时我吃了迷幻药，头脑空空荡荡的，那晚的月色很美，美得我很快就在洒满月光的海面上迷失了方向。浪很大，让人分不清哪是天哪是海，我担心一旦被浪卷下去，就再也浮不上来了。面对死神的那一刻，我所能想到的就是自己的死对周围人的影响。亲朋好友们会为我叹息，但地球还在转，我只能活在他们的心中。他们会逐渐将我淡忘，终有一天，有个小姑娘会这样问妈妈："理查德·阿尔伯特是谁呀？"

那一刻，迷幻药改变了我，但我的意识抵制住了这一改变。我要活下去，不论发生什么事，不论有什么幻觉，不论接下来的事有多惊心动魄，就算连根稻草都捞不到，我也要坚持活下去。我学会了这一点，也一次次依靠了这一点，而且屡试不爽。一旦经历过这销魂的一刻，你会不再死抱这一架构。惧怕死亡

[①] 艾伦·金斯博格（Alien Ginsberg，1926–1997），被奉为"垮掉的一代"之父，他集诗人、文学运动领袖、激进的无政府主义者、旅行家、预言家和宗教徒于一身。——编者注

其实也就是死抱着"自我"这类架构。

在这销魂和反思的一刻，我发现灵魂并不在我的体内，也不局限在我的体内。肉体死了，但认知仍然会延续下去。现在想来，我的死会像服用了迷幻药一样，飘飘欲仙。也许我会狂乱，朦胧中见到导师在等着我。这应该没有什么痛苦，因为我和导师是心灵相通的。信心和热忱足以压倒恐惧。这不是我过于自信，而是出于本能。你只有切身感受，才能知道自己不仅仅是个肉体。死亡不过是河湾处的险滩，至于险滩那边有什么，只是暂时看不见罢了。

临终一刻并不是非要改变自己。死就死了，无所谓好坏，也无所谓聪明或无知。人到了抛开功名利禄的那一刻，越是早点醒悟过来，越能早做准备，了却过去的恩怨，无牵无挂、不带一丝遗憾地合上双眼。由于没人知道死神什么时候会降临，因此你才要时刻锻炼这一认知。安下心来静坐，想象气流通过呼吸从身体里进进出出，你才知道这一呼一吸是多么的脆弱——随时都有可能停止。这一认知不是让你成天忧心忡忡，而是要你保持清醒和敏感。

学习临终时保持清醒、坦然地面对死神这一课，我们不妨先来看看伟人们是如何面对死亡的。甘地在花园中遇刺后，到死口中还念着"拉姆"，因为他一生都在呼唤着上帝的名讳。我的导师玛哈拉临终时念诵的是 *Om Jai Jagdish Hare*（荣耀归我主）。一位日本禅宗大师圆寂前，有人提醒他写一首葬魂诗，于是他提笔写道："生如此，死如此，有诗无诗，何足挂齿？"落笔后不久他就圆寂了。

继母菲丽临终前对我说："理查德，你扶我坐起来。"于是我依言扶起了她，然后一手托着她的胸腹，一手按住她的背，免得她向前冲或往后倒，我的头靠着她的头，防止她的头撑不住。菲丽长长地吸了三口气后就离开了人世。藏传佛教的大师就是这样坐起身来，深深地吸三口气后往生西方的。她是怎么知道这个的？不是人人都能走得这么轻松。完形治疗（Gestalt therapy）[①]的奠基人费兹·波尔兹（Fritz Peris）临终前脾气暴躁，害苦了他的护士。护士央求他"您躺下来吧，波尔兹博士，您不该坐起来"。"谁敢对费兹·波尔兹指手画脚。"说完他就去世了。我的朋友蒂姆·李利的遗言大致是："为什么？干吗不能？"

有一则很好的小故事，故事通过一位军官和僧人的交锋揭示了大难临头那一刻镇定的意义。从前有一支远征军，这支军队所到之处乡民们谈虎色变，因为他们烧杀抢掠、无恶不作，手段极为残忍，对被抓的人不仅极尽羞辱之能事，还常常严刑拷打。

这支军队的军官更是因心狠手辣而臭名远扬。来到一座小镇后，他要副官报告镇子的情况。副官说："镇子里的民众惧怕您的威名，全都愿意顺服于您。"这让军官好不得意。副官接着汇报："附近寺庙中的和尚，除了一人留下来外，其余的全都被吓得逃进了深山。"

听到这儿，这位军官不禁勃然大怒，一路冲进寺庙，去找那个胆敢藐视他的僧人。他推开寺门，只见院子中央站着一位僧人，平静地看着他。军官走到他跟前，趾高气扬地问道："难

---

① 完形治疗（gestalt therapy）以其创立者费兹·波尔兹及其对个别和团体心理治疗革新的学说著称，病人与自己极戏剧性地对话，在即刻的专注中生动地表达出他的情感及冲突。——编者注

道你不知道我是谁，嗯？我能一剑刺穿你的腹部，眼都不眨一下。""那你知道我是谁吗？"僧人不亢不卑地答道，"你一剑刺穿我的腹部，我眼睛也不会眨一下。"据说军官顿时幡然醒悟，还剑入鞘后，鞠躬退了出来。

今天的烦恼也就是临终时的烦恼，这句话实不为过。活着难，死更难，但镇定清醒地迎接这一挑战能大大减轻你的痛苦。舍温·努兰（Sherwin Nuland）在《死得其法》（*How We Die*）一书中这样描写临终一刻给身心带来的痛苦：血液循环停止，心肌失调，心室节律紊乱，肌肉组织供氧不足，器官衰竭，关键部位受损。人们因此感到胸闷、出冷汗、喘不过气来，常常伴又呕吐和剧痛。在这种状况下，要想清醒、有尊严地死去，我们又该何去何从？

答案是从灵魂上去寻找。跳出身外，从灵魂的角度看待这一转折。不论遇到什么困难，你都要循着这个方向，越是进入到灵魂境界，临终时越能稳定自己的情绪。带着这一层认识，内观练习又上升到了一个新的高度。这就像运动员上场前热身一样，我们为死亡做准备，就是平衡自己的心态，从而进入到旁观者的境界中去。

这一过程中如有人相助，那就再好不过了。正如孩子降生时有助产士接生一样，临终时请受过专门训练的人陪伴在身边不失为明智之举。可悲的是，当今社会有许多人半夜里在医院的病床上孤零零地死去。这无异于不给海图和罗经[①]，没有只言

---

① 罗经是提供方向基准的仪器，船舶用以确定航向和观测物标方位。——编者注

片语的忠告，就让水手一个人在黑夜里起航一样。这与灵性的文化传统实在是相去甚远！

在藏传佛教中，僧尼们都受过引导临终者的专门训练。他们能帮助临终者消除饥渴、寒冷、沉重以及呼吸困难等感受，鼓励他们抛开这些幻觉。他们是这样引导临终者的："土离开了你的身子，你会觉得沉重。水离开了你的身子，你会觉得渴。火退去了，你会觉得冷。风没有了，你会觉得上气不接下气。这不过是个表象，你不要迷失在这些细节中，也不要迷恋某一个幻想。这不过是解放你灵魂的一个过程。"

我们不妨改变自己，坦然地面对这些幻象。虽说临终时的境遇和其他经历大不相同，但准备工作是一样的。也就是说，你要学会带着一颗爱心坦诚地面对每一种想法和情感，不沉迷于某一段经历，也不对这段经历耿耿于怀。时刻活出自己，其实是为临终做准备。与此同理，承认人终有一死，你才能享受眼前的生活。将死亡当作人生的一大转折，实际是为现在这一刻注入生命和活力。孔子说："朝闻道，夕死可矣。"这句话虽说听起来不免叫人气馁，但从灵性的角度来看，却是天大的幸事。

如何为临终做准备

我们现在来探讨第三个根本性的问题：如何为临终做准备。内观和冥想能定下你的心神，让你能随时迎接这一挑战。但临终一刻着实令人恐惧，我们不妨借漂流来打个比方，进一步探讨这个问题。要想通过急流险滩，运动员们要经过严格的训练，以免在岩石、湍流和瀑布中乱了分寸。胡乱揣测死亡是一回事，在这一刻保持冷静，念着"嘿，我现在就要去了！"又是另一码事儿。要想冷静地面对险滩，你必须熟悉水性（事物变幻的本质），正如唐·胡安①说的："时时把死担在肩头。"铭记死亡的智慧，为临终一刻做好准备，就好比秋天的落叶一样，充满诗意。

新英格兰有一座墓碑是这样写的：

亲爱的朋友，你从我身边走过时请切记

你就是我的过去

我就是你的未来

准备好了么？请跟我来

人们常常误以为准备后事会降低生活的质量，其实不然。在研究死亡的过程中，我发现自己陪伴临终者的那一刻，是我活得非常有意义的时刻。有一家报纸曾做过一项民意调查，内容是如果全球性的大灾即将来临，你会怎么做。当代伟大的社会观察家马赛尔·普鲁斯特②是这样说的：

"如果真的如你所说，人类即将遭遇灭顶之灾，我会突然

---

① 唐·胡安（Don Juan de Austria 1547—1578），西班牙帝国全盛时期的将军，勒班陀海战的胜利者。——编者注

② 马塞尔·普鲁斯特（Marcel Proust，1871—1922），是20世纪法国最伟大的小说家之一，意识流文学的先驱与大师，也是20世纪世界文学史上最伟大的小说家之一。——编者注

间觉得生活非常美好。想想还有许多事要做，许多知心话要说，却因为自己的惰性一再耽搁。

"但愿这一灾难永远也不会有，要是能重新来过该有多好。如果此刻不发生天灾，你不会想到去卢浮宫、向某小姐求婚，或者到印度旅游。

"大难没有降临，你什么也没有做，心又回到了日常生活当中，任由疏忽磨灭了欲望。不过，我们无须用灾难来让自己热爱今天的生活。你只要想想自己是个凡人，死神也许今晚就会降临，这就足够了。"

诚如普鲁斯特所言，如果不距死神一臂之遥，你则既看不透生活，更无法醒悟。只有死亡和爱才能让你放下执念，揭示灵魂和我们之间的界限。

这一生中，我一直都在刻意地接受死神带来的馈赠。这是一种身心的锻炼，是寻求真理的蜡烛。为了轻装上路，我得放弃许多东西，我得了结与已故或尚在人世的人的恩怨。当然，我并不是真的要向他们负荆请罪，而是释去对此人的恨意。你不妨这样自问："难道我非要把这些恩怨带到棺材里去吗？"几乎所有人的回答都会是"不"。死神自有一套方法将"自我"导演的这幕人生闹剧变得名正言顺。值得带进棺材的恩怨并不多，如果能彻查一下你仍然难以释怀的东西，实际上你也是在为安详地离去做准备。

除了消除与别人的矛盾，管理好自己的私生活也不容忽视。你不妨立份遗嘱，免得医生护士不惜一切代价救治你无意保留的身体；如果医生认为可行，你也愿意，你可以将遗体捐献出来，用于医学研究；你希望葬在哪里，是不是希望火化？姑姑去世后我才知道，将这些事情向执行遗嘱的人交代清楚非常重要。

姑姑是父亲最小的妹妹，是一位非常倔强和叛逆的人，六十岁那年患了脑瘤后，她不顾犹太教的戒律，坚决要求火葬。姑姑去世后，她的遗愿最终实现了。家人想将她的骨灰安放在祖坟中，但墓地管理处却坚决不同意，毕竟这是一个犹太人的墓地，事情一下陷入了僵局。有天深夜，我的几位叔叔带着手电筒、铁锹和骨灰，翻墙进入墓地，在祖坟旁挖了个洞，把骨灰埋了进去，掩盖好事发现场后，一帮人逃之夭夭。要是他们被逮个正着，还不知道会有什么后果。

立遗嘱对某些人来说是件难以痛下决心去做的事情。人们常常会迷信地认为，只要一天不立遗嘱，自己就能多活一天，这一幻想给身后人带来了极大的痛苦和麻烦。

我父亲是位律师，他常常提起因财产纷争朋友和亲人反目成仇的案例，要我们竭尽所能地遵照他的遗嘱。这种对凡事俗务的关心也是一种修行，表明你最终舍弃了功名利禄。

选择地点也非常重要。在准备后事时，如果没有意外的话，这一点需要你慎重考虑。你是希望在医疗条件便利的医院离开人世，还是愿意在家中死去？你是否想在临终之地营造一种灵性的氛围，让自己在安详平静中离去？比如日本净土宗，信徒们会摘下家人的照片，在床对面放一块绘有天堂场景的屏风，好让临终者看到自己要去的地方，免得他留恋过去。

我母亲的去世就是一个典型例子。患病十年，罕见的血液病最终转成了白血病，她也因此成了波士顿伯明翰医院血液研究室的实验对象。善良的加德纳博士（Dr. Gardiner）几乎成了我们家的神，母亲还要费力地讨好他。尽管她早在三十年前就离开了我们，但她临终时的场景我至今记忆犹新，叫我痛心不已。

她身边的人对她说的都是这样的话："格特，你气色好极了。""医生又给你用了一种新药，你很快就会好起来的。"之后，同样的人会在走廊里低声说："她气色太差了，怕是拖不了多久了。"医生、护士和亲人合着伙地骗她，没有人肯对她说实话。我和母亲坐在病房里，看着这些人进进出出。最后人终于走尽了，只剩我们两个人，她说："理查，我认为自己活不了多久了。"我说："我也是这么想的。"接着她又问："你认为死会是个什么样子？"我俩讨论了一会儿这个话题，然后我告诉她："你就像一座即将崩塌的大厦，我们俩的关系与这座大厦无关。身体没有了，你会继续存在，我们还可以相通。"她说自己也有同感。我俩在这个时间和空间里认识到了这一点。虽然就只有这一会儿，但于我于她都是莫大的慰藉。

母亲央求医生让她出院，她想待在自己的家里。医生最终勉强点了头，然后用救护车将她送了回来。经过与疾病的十年抗争，母亲显然是放弃了，平静地等待死亡。那是我最后一次去看她，随即我就飞到了加州，忙着准备周末在圣莫尼卡市政中心的演讲。虽然我不指望还能再见她一面，但那一刻我觉得履行演讲合同比陪她走过最后一程更重要。如果放在今天，我绝对不会这么做，但那时年轻气盛，至今我仍懊悔不已。

母亲在家里待了一天后，医生认为她太虚弱，必须回医院，于是不顾她百般央求,安排车子将她接了回去。父亲很担心母亲,也赞成他们的专业判断,相信"医生的话都是对的"。我知道这不对,母亲可以选择在自己觉得舒适的地方迎接死亡,但少数服从多数,再加上我的意志也不坚定,到后来只好保持沉默。母亲最终被接回了医院,第二天夜里,母亲在满是医疗器械的 ICU 中孤零零地去世了。临终前,她没能见到孙子,因为他们不让孩子们进去,她也没能回到深爱的家。

母亲去世时,美国刚刚兴起临终关怀运动。对不能在家中休养又不想在医院里死去的病人来说,临终关怀是一个深受欢迎的选择。

临终关怀有着深远的意义:死亡是一个自然过程,无须介入太多。对希望清醒地面对死亡的人来说,临终关怀也许是一个理想的选择,免得医生不惜一切代价强制你活着。从事临终关怀的工作人员,大都非常支持和认同临终过程中的灵性要求。

我无意贬低医生和医院:医护人员每天都在行善,从本质上来说,他们解除了病人痛苦,做出了很大贡献。此外,许多医院还放松了政策,给了病人一定的自主权。

20 世纪 70 年代,也就是母亲去世 10 年后,我陪作家彼得·马修森(Peter Matthiessen)[1]的夫人黛比(Debbie Matthiessen)度过了最后一段时光。当时黛比身患癌症,在纽约西奈山医学院的一间病房里等死。黛比是纽约佛教中心的会员,于是和尚们来到她的病房超度,为她准备临终这一刻。

---

[1] 美国大名鼎鼎的旅行作家兼小说家,两度美国国家图书奖得主。——编者注

和尚们在病房的一角设了一个神坛。他们念经时，这间病房就像一座小小的庙宇。有一天，和尚们正在做法事，巡班的医生拿着病历夹、听诊器，带着职业的问候闯了进来。"今天好些了没有啊？"话音还没落，他突然发现屋子里的气氛庄严肃穆，医生们随即停下脚步，一声不响地退出了病房。黛比成功地为自己营造了一个抛开肉体的神圣空间，甚至穿白大褂的医生也影响不了她。

虽说在家中离开人世，周围都是些熟悉的东西，会让人心里觉得踏实，但有时却会让人难以难割舍，眼前珍爱的东西和亲人也许会扰乱死亡的进程。亲人们希望你活在他们中间，这本无多少恶意。但这却会让临终者的内心产生激烈的斗争，灵魂希望走，"自我"却想留。因此，在自己或亲人临终时，我们必须明白这样做的危害。

有人讲过一个故事，故事的主人公是一位叫米歇尔的二十八岁女子。米歇尔因身患癌症在医院等死，而她母亲正是这家医院的护士。为了保住独生女的命，她在女儿病床边搭了张床，除了上卫生间，一天三班不离其左右。一次趁妈妈上卫生间的空当，米歇尔悄悄告诉另一位护士："请你告诉妈妈，让我走吧。"但这是不可能的，后来有一天晚上，她母亲给劝出去吃饭，米歇尔静静离世了。

除了临终地点的选择，临终一刻保持什么样的清醒度也非常重要。当然，临终一刻会有许多预想不到的事情发生，你一时无法准确地预测到底会发生些什么，应该做怎样的准备，但你可以让别人知道你喜欢什么样的方式。不过，问题并不是这么简单。尽管二十多年来，止疼技术取得了长足的进步，但远未成熟。由于医生大都只注重病人的身体，很少关心临终病人的内心，因此，病榻上所受的痛苦，主要取决于病人能否清醒地抵制麻醉药品。

由于我提倡明明白白活到老和死去，于是我常常这么想，在以物质为基础的医疗体制下，从业人员往往只关注他们看到、感觉到、能检测到的事物。和大多数人一样，他们认为身体的死亡是病人的最后一站，很少想到死会关系一个人的切身利益，会影响来生。因此我们要坚持自己的灵性观点，不要指望医生在最后关头来维护自己的意识。

根据病情自己用药是上上策。有研究显示，一旦病人能控制自己的药量，他需要的药物就会很少，同时能在很大程度上缓解疼痛。一项针对产妇的研究表明，自行用药的产妇在生产时所用的止痛药只有其他产妇的一半。究其原因，主要在于：这些妇女能根据需要及时调整剂量，即不是医生开了什么药，就只管往嘴里填。而且一旦知道自己能够控制疼痛，孕妇心里的恐惧感也会随之大大降低。

我深信，如果对临终者进行类似的研究，也许会得出同样的结论。由于申请药物到药师给药之间有一个时间间隔，再加上临终者无能为力，导致许多疼痛被夸大了。英国的某些医院中，医生常常会给病人一些止疼药物，由病人自己酌情服用。他们认为病人的疼痛应该由病人自己做主。毕竟在临终时将自己意识的控制权交到一个陌生人手上，而且此人的价值观还可能与自己的大相径庭，着实是件可怕的事。

另一个与掌控相关的问题，人能否有权选择什么时候死亡。我可以肯定地说，暂时还不能。要想结束自己的生命，你只能去找克沃凯恩博士①，或者对医生撒谎，把安眠药藏起来。但二者都不可取。我无意对克沃凯恩博士不敬，不过，围绕他引起的争议将本该属于隐私、自主的事推到了公众面前，违背了亲人的意愿，使他们成了媒体的焦点。安乐死之争确实包含了许多复杂的道德问题，但人们往往忽略了这一问题的根本：病人的智慧，以及他自己选择的权力。除非病得失去理智，或者因疼痛神志不清，从我个人的经验来说，临终者对自己的身心状况以及愿望，都能做出正确的判断。剥夺一个人选择何时何地死亡的权力，实际上是在强奸他们的智慧。

我们必须坦白地问自己：一个人是不是活得越久越好？耄耋之年的托马斯·杰斐逊曾写信给一位年纪相仿的朋友："人尽天年，这对谁都一样，到时候就得了结，也好给别人的成长让个位。我们已经活了一辈子，就不该想着侵占别人的时间。"正如舍温·努兰所说的，安乐死在美国仍然"有违法度"，因为死亡证明上必须要注明死因。

中风前有一段时间，我每天早上都要和一位从未谋面的男士通电话。这位男士四十五岁，患有皮肤癌而且已经扩散到了全身，当时他住在洛杉矶老兵医院。有一天，他妻子打电话告诉我，她丈夫想和我谈谈。他介绍了自己的境况：整天躺在床上，动弹不得；腹胀如鼓，护士要经常在他腹部扎针来排液；

---

① Dr. Kevorkian，一位帮助病人安乐死而饱受争议的医生。——译者注

身体肿得变了形,睾丸更是肿得让他坐不了马桶。接着他问我:"拉姆·达斯,要是我决定结束这一切,是不是会遭报应?"

我该怎么回答他?这一刻,面对这活生生的痛苦,大道理显然是行不通的。难道要我跟他说些灵魂进化之类的话,要他努力活下去?还是用拉玛那·马哈希为了信徒忍着喉癌的痛苦撑到最后一刻这类圣贤的故事蒙混过关?他有位深爱自己的妻子,我本可以告诉他为了妻子活下去,免得我背负着怂恿他去死的良心债;或者即便是知道来生要偿还今生的债,还是要告诉他"放心地走吧"?不论我怎么回答,他都会受到影响,但他需要我的回答。后来我告诉他听听内心的声音。之后我就再也没听到他的消息了。

哈努曼基金临终计划

20世纪80年代,我创办了"哈努曼基金临终计划",同时邀请史蒂芬·乐文担任主持。我们旨在为临终者营造一个人性和灵性的空间。随后的几年中,我、斯蒂芬及其夫人昂德拉以及后来加入的戴尔·博格伦做过数百次演讲,举办过几十次短期修行营,还自创了一套为临终者提供心灵上支持的训练课程,比如帮临终者确立遗嘱、选择合适的医疗服务,等等。除此之外,我们的主要工作是陪临终者走完最后一程,在他们亟需帮助的时候伸出援手。

早年陪伴临终者时,我只是静静地坐在病房里,对当今社会针对死亡的变态反应感到愤愤不平。就像母亲当年的遭遇一样，临终者周围尽是些谎言和伪善，使得他们最后时刻也不得安宁。我原以为，陪伴临终者时只要保持安静和镇定就够了。后来我发现，临终者非常需要我，说是有我在场心里觉得踏实，我是他们唯一能说得上话的人。他们的家人则向我倾诉了自己的恐惧、哀伤、困惑、愤慨和痛苦，而我能做的，就是敞开心胸，既不介入，也不否认，只是静静地去听。

我在临终者病床边的工作驾轻就熟。这一刻，我几乎不需要做些什么，我深知，帮助他们的不是我深奥的语言，而是我的灵魂。真正平静地和临终者坐在一起似乎有着某种感染力。我心灵深处的安逸似乎深深吸引了临终者，从而引导他们进入一种安静祥和的境界。我自己常常也能切身感受到这一过程，每次踏入病房，都会见到病人和家属们对恐惧有着不同的反应。

我还学会了几种缓解这种状况的小技巧，以此来展示我的无畏。有一位女性朋友请我去看看她即将不久于人世的父亲。他是一位好强、固执的精神病医生。一踏进病房，我这个外人就发现病房里叽叽喳喳的，一屋子的人都显得忧心忡忡。这位精神病医生不想谈自己精神上的痛苦，不过他说自己的脚疼。于是我开始给他按摩脚，我们先从身体上开始了沟通。我默默地按着他的脚，没过多久，他就渐渐平静了下来，这让一屋子的人都安了心。突然间，我成了灵魂的按摩师，用这点小小的技巧消除了彼此间的隔阂，为大家带来了点滴的快乐。我离开病房的时候，一家人一路将我送到电梯口，都说从来没有见过他这么大的转变。我答应他下周再来。等下周我再去看他时，他已经脱好袜子在等着我按摩了。

伊丽莎白·库伯勒·罗斯[①]曾写过许多有关临终感受的文章。她认为，临终者通常会经历以下几个阶段：不敢相信、愤怒、讨价还价、绝望，到最后的认命（或者听天由命）。虽说这些阶段并不一定严格按此顺序出现，但大致如此。不管我怎样试图改变这一状况，我都会一再碰到这些难题。每每我想法给病人灌输"善终"这一观念，或者执着某一种结果时，往往都适得其反。但当我带着爱去见病人，对他们无所求的时候，我则成了安全的港湾。当我清楚自己的意图和情感时，我都能为他们带来心灵上的安宁，给人一种一切尽在情理之中的感觉。这种内心的平静稳如磐石，我甚至能感觉得到有人因恐惧抗拒着这份平静，但同时又在内心的某个部分与之共鸣。这一部分人皆有之，它不易为人发现，而是出于"自我"的恐惧和负隅顽抗背后人人都有的直觉。

这是发生在临终者身上的一个好的开端，就好像我在阳光下等待，知道沉溺在痛苦中的人们很快就会走出阴影，来到我身边一样。这一刻到来时，我能感觉得到他们心头的阴霾消散了，对他们来说，死亡不再是个沉重的负担。"不对劲"的感觉随即为一股和谐感所取代，而且越是悲伤和痛苦，这股和谐感来得越是强烈。不管你信不信，我就亲眼见过一些痛苦不堪的人，在学会敞开心胸、放下执着后，转而满心喜悦了。这一转折就像是一个奇迹，甚至连他们自己都不敢相信。

---

① 伊丽莎白·库伯勒·罗斯（Elisabeth Kübler Ross）是探讨死亡与临终经验的权威，深受人们的爱戴与尊重。她不仅著作等身，更长期致力于照顾重症病童、艾滋病患者与老年人。《用心去活》（*Life Lessons*）的作者之一。

当然，将死亡当作一场游戏甚至是修行，不是每一个临终者都喜欢或者能做到的。我至今还记得陪伴好友珍妮·法菲尔（Ginny Pfeifer）的那段日子。

珍妮·法菲尔是奥尔德斯和劳拉·赫胥黎的密闺，因患骨盆癌卧病在床，她是一位狂热的人道主义者，从一开始就叫我不要跟她"扯什么灵性"。于是我只是坐在她的病床边，静静地看着她日渐憔悴。这是一种揪心的痛苦，我爱珍妮，只恨自己不能帮她消除痛苦。她其实也疼得翻来覆去。但在不知不觉间，她和我似乎同时进入了一种平静的状态。尽管她的身体依然痛苦，但间隔时间越来越长。我觉得自己仿佛沐浴在无比的幸福中，这时候，珍妮转过身来，轻声对我说："我觉得好踏实，除了这，我哪儿也不想去。"我也有同感。当"护理人员"和"病人"双方不再拘束，撇开各自的角色，便会有这种心灵上的交流。一旦你摘下这张面具，临终者自然就能将死置之度外了。

陪伴临终者时，我们有时会在不经意间回避死亡，这样一来，反而加深了病人的痛苦。为免受死亡的恐惧，你常常会将临终者当作"对立方"，保持一个安全的距离。不过，当你丢开这一想法，认识到自己只是暂时寄居在身体里的灵魂时，你就能明白个中道理，享受我和珍妮那一刻的平静。

许多人临终前心中只剩下自己的身体。他们非常害怕，再加上饱受疼痛的折磨，成天想着的就是自己是个癌症患者、心脏病人，等等。就连照顾病人的护理人员也往往在不知不觉地配合着他们，以至于临终者本人是谁都无关紧要了。这一过程让人不忍目睹，病人则因此每况愈下。在病人眼里，疾病似乎高过了自己的灵魂。就我个人的切身体会来说，我深知人不应受这种狭隘观念支配。我得时常提醒自己，就像我不仅仅是这个瘫痪的身体一样，即便中风大大改变了我的生活，甚至有时会影响我的意识。与此同理，临终者也不仅仅是躺在病床上的身体，你越是能让他明白这一事实，他所遭受的痛苦就越少。你越是能证明他还有别的身份，比如是个灵魂，他就越能摆脱大环境的影响，不再一心想着自己的病。

我曾与伊丽莎白·库伯勒·罗斯办过一次有关死亡与临终的静修营，参加的人相当踊跃。其中有一位三十八岁的晚期癌症患者，她是一位护士，同时也是三个孩子的母亲。有一天早上，她带领大家做了一个练习。她要我们想象去医院探望刚动完手术后的她，然后把自己的感想写在黑板上。黑板上列出的答案有一贯的同情和悲伤，以及诸如"上帝，你好狠的心"之类的话，等我们写完，她说这的确是当初人们来探望她时的感受。接着她又说道："你这会儿该明白我有多孤独了吧？人人都在评论着我的身体，却没人来陪陪我。"

和其他的角色一样，"临终者"这一身份让我们无法做个完整的人，我们也因此愈发苦闷。几年前，有位坎布里奇的贵格会①女士跟我说了些这方面的问题。她大约六十来岁，身患癌症，虽说我们素未谋面，但她请我去看看她。我俩单独待在病房的时

---

① 贵格会（Quakers，通用名称），又名教友派、公谊会（the Religious Society of Friends，正式名称），兴起于17世纪中期的英国及其美洲殖民地。贵格会的特点是没有成文的信经、教义，直接依靠圣灵的启示，指导信徒的宗教活动与社会生活，始终具有神秘主义的特色。——编者注

候，她小声对我说："您能不能让这快一点？我好无聊！"

她的话叫我大吃一惊：虽说许多病人都觉得无聊，不过这一般不是他们最大的苦楚。我想了一会儿，然后对她说："你的确可能觉得无聊，主要是你一直都在想着'死'。你何不在一小时内死个十分钟，余下来的时间做点别的事？"这位女士明白了我的意思后，笑了。

接下来，我俩一起冥想，听孩子们在操场上嬉戏，听壁炉上闹钟的滴答声，听头顶上飞机隆隆而过，感受微风拂面、柔和的阳光穿窗而进。等我们一同回到现在这一刻时，临终这出戏随之谢了幕。突然间，我们发现自己只是单纯地活着，是两个没有身份和角色的灵魂。这一刻，时间似乎停滞了，等我们开口说话时，她说我可以走了。几个小时后，这位可爱的女士平静地离开了人世。

死是人类最大的挑战，同时也是一大灵性机遇。培养了内观能力，我们可以顺其自然地走过人生的最后一程，而不是任由"自我"牵制着自己。这样一来，我们既是别人的良师，也是自己的益友，能够越过身体的死亡，看到灵魂的未来。

第五章 · 活在时间之外

在讲求坚忍、向前看和时间就是金钱的社会中，人们无法容忍慢节奏和悲伤，悲伤这种对人生有益而且必需的一面往往被忽视了。人越是上了年纪，失去的越多，悲伤的需要也愈发显著。只有懂得怎样悲伤，我们才有望将过去抛在身后，过好现在这一刻。

重新认识时间

这事儿要从 1970 年说起,那时我刚开始在印度的菩提伽耶（Bodh Gaya）系统地学习佛法。正是在这个地方,释迦摩尼在基督诞生前五百年,坐在菩提树下悟出了佛法。

我首先学到的是世间万物的无常,也就是佛法所谓的无常（Anicca）。我对这一概念其实并不陌生,由于我生在西方,深知《圣经》中说的"不要把财宝放在有虫咬、容易生锈的地方"。不过,我第一次思考事物瞬息万变的本质,是在这种环境下。

从前的僧人大都是在天葬场学习这一课程的。人们将死者的尸体放在天葬场,任由飞鸟啄、野兽来啃。僧人们则整夜坐在这里,思考尸体从腐尸到残骸,再到归于尘土的过程,从中悟出肉体乃至一切生命变幻无常的本质,从而了却尘缘,学会从灵魂层面观察自己的身心。学习做一个会老的人，从一个静止的中心点观察世事的变幻，这些僧人悟出了我们晚年时追求的人生真谛。不再依恋自己的身体和变幻莫测的世界，僧人们能放下一切，免受时光流逝之苦。

尽管西方没有这种"墓地冥想"（有些地方依然盛行），但在菩提伽耶一番深入的学习后，我对人生的短暂深有感触。世界的瞬息万变让人们陷入了极大的焦虑，即便是脚下的这方立锥之地也不牢靠。"自我"千方百计地回避这一事实，以其对个别事物的错觉为依据，拒不承认世界的瞬息万变。这让我想起了雪莱的《奥兹曼斯迪亚斯》（*Ozymandias*），诗中的主人公在沙漠中发现了一处巨型雕像的遗迹，不远处躺着的一块石头上写着："朕乃万王之王，奥兹曼斯迪亚斯，功业盖世，敢叫天公折服！"但下面的几行字却写着："此外无一物，但见废墟四周，寂寞平沙空莽莽，伸向荒凉的四方。"这一刻，在自己一手创建的王国里妄想着长生不老的"自我"，被不可避免的自然规律打回了原形。

中风让我从一个全新的角度看待时间。尽管我曾经能够准确地猜出当下是几点几分，可现如今，我常常忘了今天是哪一天，甚至属于什么季节。由于中风影响了我的记忆力，我往往连去过什么地方都想不起来。发生了这种事，我常常会觉得困惑不已，有时候甚至会恼羞成怒，但这也有有利的一面，我可以践行自己一直提倡的观点。抛开了过去和未来，我觉得一身轻松。正因为如此，疾病和老去给灵性成长提供了一个绝妙的机会。虽说我希望恢复记忆力，但我也承认这一障碍不无益处，能让我好好地学习做一个会老的人。

  我们不妨借观察呼吸来挣脱自己设下的时间束缚。这样一来，你就可以不用为过去耿耿于怀，也无须为将来忧心忡忡。你沉浸在现在，这一刻，你不见了，至少是你熟悉的实实在在的"你"不见了。你一身轻松地走进现在，棕榈树、流淌的水滴、喇叭声此起彼伏的汽车或是过往的人群，都显得那么赏心悦目。当承认自己与这一切相互关联时，这一切顷刻间为你敞开了灵魂的大门。此刻，你不再肩负着"自我"的厚望，而是向灵魂敞开了胸怀。你冲破了时间的束缚，打断了"自我"自导自演的这幕人生肥皂剧。

覆水难收

  以下引自西藏佛学院的一段经文，也许能让你从新的角度来看待岁月的变迁。

不必留恋过去，

也不必憧憬未来，

无须改变你生来的警觉，

也不用害怕鬼怪，

这一切没什么大不了。

  人上了年纪时，常常喜欢回味过去。由于无事可做也看不到未来，只能终日里回忆往日的时光，一时是温馨，一时是悔恨、愤慨、憧憬和伤感，给现在的生活蒙上一层厚重的阴影。这虽然是人之常情，但你不能让追忆成为一种障碍和负担。过去和梦有什么分别？如果沉迷在过去之中不能自拔，怎能学习做一个会老的人？

放下过去不代表抹杀过去，而是不让既往的经历为现在蒙上阴影。比如我以前常说"我是个高尔夫球手和赛车手"。这是我辉煌的过去。但现在我不过是讲诉这段历史的人。我打不了高尔夫，也开不了车。如果死死抱着这一身份不放，只能徒增烦恼。我可以讲诉这段经历，但这么做，我仍然回不到从前那个打高尔夫和赛车的自己。我做的这些事在人家听来非常有趣，对我却没有多大吸引力。所以，你不妨再现往事，然后用现在的眼光来看待这些经历。每一段回忆都很温馨，但不要沉迷于此。

除非你抱定一个"小学生的心态"，对一切都充满着新鲜感，否则岁月的积累只会成为你的羁绊。我这里就有个例子。1979年，我住在加利福尼亚的西奎尔。导师曾说过："流水不腐，修行要迁。"尽管这些年来我一直浪迹四方，但从来没有丢下一些心爱的纪念小物件。像以往的信件、照片、剪报和车牌这样的东西，我收集了几大箱，一直舍不得扔掉。

带着往日的东西委实与修行者的身份不符。印度的游方僧人（玛哈拉就是一例）身边不带一分一厘的财物。曾有一段时间，除了一个别人丢弃的破钵用来化缘，云游四方的玛哈拉身无长物，人们因此管他叫"破钵老爹"。等破钵碎了，他扔掉后再捡一个。

当然，身在美国，我无意效仿玛哈拉，但我却拖着一堆纪念品浪迹天涯。只是我几乎从来没有开过箱子，不过是把这些东西装在里面，贴上标签，尘封在书架上。等到下一次搬家，我又要把堆积如山的大箱子装上车，搬到下一个住处。

接连搬了四五次后，我不禁自问："我这么做到底是为了什么？我干吗要留着这些什物？"这么想着，我才发现留着这些什物为的是将来有个想头。虽说我现在不需要，但总有一天会用得上。我现在的日子的确过得很滋润，但往后的日子谁又说得准？手头上的东西都让我应接不暇，1965大峡谷之行拍的照片，就够我回味一阵子的了。后来有一天，我觉得这么做实在太荒唐！于是我把旧箱子从架子上拖了下来，扔进了垃圾箱。刚开始，我觉得这不失为明智之举：终于不再受这些劳什子所累，可以一身轻松地远游四方了。可到了半夜，我突然想起有一两件丢不得的东西，又赶紧跑到垃圾箱跟前翻了起来。"不然再也见不到这个人了。"这么想着，我在黑暗中发疯似的找了起来。后来，我才发现这么做有违我的初衷，我还是放不下垃圾箱里的东西。我该放一把火，一烧了之。

于是我在壁炉里生了一堆火，把箱子打开，跟里面的物件一一道别后，然后投进了火堆。但我时不时会拿起一些舍不得烧的东西，比如导师的照片，于是我把这些遗物放在了一边，但大多数东西我都付诸一炬。这么做似乎有点过激，我担心将来会后悔。这些年来，每每有人跟我要某张照片，接着发现唯一的一张早已化作青烟时，我偶尔也会自责，但大多数时候，我觉得心头释去了往日的重负，无牵无挂了。

十五年后，我家的地下室里又堆满了箱子。又到了该付之一炬的时候了。

我并不是非要你抛弃或忘记过去。如果承认过去并不贬低现在，或者不会因依恋某些不复存在的东西痛不欲生，能从曾经的经历中自得其乐，这也不为过。

纵然如此，我们切不可为了娱乐他人或博得同情而夸大其词。比如我曾驾着一架飞机，干过一些让听者心惊肉跳的险事。说真的，我能活下来算是个奇迹，就着一杯啤酒，我能滔滔不绝地说出许多令人汗毛倒竖的故事。说着这些故事，我发现一个有趣的现象：我觉得自己变成了另一个人。我不再是今天的拉姆·达斯，反倒成了备受"自我"青睐的勇士，让我飘飘然然地沉迷在往日的光环中。

进一步认识老去这一过程，会给你一种身为"骗子"在半道上被擒获的感觉。作为承载记忆但本身并不是记忆的老年人，你越是抛开过去，活得越有劲儿。

和过去做个了断

过去并不是说放下就能放得下的，尤其是你对"未了的心愿"耿耿于怀的时候。不能接受过去，灵性的生活只能算是一句空谈；或者像一位先贤说的："未曾祝福的，怎么能改变。"正如我当初要放下那些劳什子，不一一检查、充分回忆一番后，我就放不下，无法将之扔进火堆。

翻来覆去地想着过去的每一个细节，与带着现在的认知感受过去有着天壤之别。在印度，我曾独创了一种修行方法：坐在小溪边，看着落叶在溪水中从眼前飘过，然后用同样的方法观察自己的思维活动（记忆）：母亲的去世、我的初恋、被哈佛扫地出门、碰到我的导师，一桩桩记忆都如同落叶一样从眼前飘过。我开始用现在的眼光看待世事。比如被哈佛扫地出门，"自我"失去了教授这一身份。如今我将这一连串的事件看作因果报应，是社会将我推出惯性的巢穴。正是从巢窟里掉了下来，我才学会了相信自己。失去了哈佛教授这一身份，我发自灵魂的创造力被释放了出来。如果受着惯性的束缚，别说是离经叛道，甚至都不敢有这种念头。

接受过去、回到现在，任由往事沉浮，不耿耿于怀、不妄下评论，顿然间你会有一种大彻大悟的感觉。这样一来，这些记忆就被"同化"了，成了你生活的一部分，束缚在过去中的力量也挣脱了枷锁。你会活得更自在、更有活力。

如果不能保持这一"理智的距离"，你会无法直面伤痛或者悔不该当初，终日里自怨自艾。换句话说，我们用现在的认识来承受过去，从而将过去带到现在这一刻。以清醒的认识来转移自己的视线，能够让你放下过去、远离过去。

学会用现在的眼光看待过去，你会发现自己的思想和感受被时间凝固了。虽说岁月改变了你的容颜，但你对往事的看法和感受还在。无怪乎你有一种支离破碎的感觉。因此，我们要学会从灵魂的角度重温往日的记忆和感受。

一生当中，我们确有过进入灵魂境界的时刻，相比较而言，这一刻的记忆更加深刻，就像一面镜子，告诉你真实的自己。我的导师曾这样评价我母亲："她是位了不起的人。"我问翻译：

"玛哈拉说的是'是'还是'曾是'？"翻译答道："他说的是'是'。"其时，我的母亲已经不在人世。这一认识让我重新定位我们母子之间的关系。记得我八九岁时，曾和母亲在车里玩一个游戏，看谁能将最后一个音符唱得最久。这时有位男子将车停在我们旁边，目不转睛地瞧着这一幕洋相。这一刻，我俩不再是母子，而是两个调皮鬼。通过此刻的感受，我们能够从灵魂上理解对方。

母亲去世那年，我大约三十五岁，曾经有一刻，我俩的灵魂面面相对。那会儿，大家都不肯如实告诉她她的病情，只有我对她说："你快不行了。你让我想起了一位家中着火的朋友。你身体这栋大厦即将被大火吞噬，但你还在，我也还在。"那一天，我俩的灵魂做了一次长谈。

几年前，我在夏威夷有过一段奇特的经历。我接到一封信，信中说有人希望我去夏威夷和他们一起冥想，由于我正打算去茂伊岛①和考艾岛②演讲，于是决定顺道去一下夏威夷。来接我的人很怪，一句话也不跟我说。他们把我带上车后，一路驱车来到了大山深处的咖啡种植园。

到了那儿，我休息了片刻，就被带到了负责人的办公室。我走了进去，那人看了看我，说，"Uhvuh, vuhva, va?"我听不懂他说了些什么，一脸茫然地看着他。他又说了一遍，显然是要我做些什么。我决定还是先稳妥点，于是说道，"Om。"他则说，"Uh, vah,vah！"我心想："难道我俩要创造一种新的语言

---

① Maui，美国夏威夷州茂伊县火山岛。
② Kauai，夏威夷第四大岛。

不成。"就这样,你来我往了好一阵子,直到一位年轻的女子端来了一盘水果,这人才说:"好,现在可以开始了。"我正纳闷"开始什么",他就掀开了隔间的幕帘,只见里面有三十个人一声不响地坐在那里,齐刷刷地瞧着我,等我开口演讲。

我毫无准备,也没有打算演讲。但我尽量表现得妙语连珠,说了一些套话之类的东西。几分钟后,有人举手说:"拉姆·达斯,我非常喜欢你的书,可为什么你所说的跟你书中所写的内容不相符?"我想了想,然后又接着说了起来。没过一会儿,有位听众又说道:"拉姆·达斯,从你身上,我感受不到热情。"我辩解说:"你说感受不到热情是什么意思?那是你的问题,不是我的。"于是我把这丢到了一边。我用诙谐和机智表明我没事,就这样讲了几个小时。大约到了晚上十一点半,组织这群人的医生说:"今晚就到此为止吧,明天七点半继续讨论。"我心想:"和一群疯子一道困在山上,我该怎么办?"

我心里掖着这事儿回到了自己的房间。望着满天的星斗和窗外的天堂鸟,想着当晚的一幕幕。发现他们是在挑我的刺儿,但他们没错。我头脑非常清醒,完全理解这么做让他们感受不到我的热情。我是风趣,但我没有跟他们开诚布公。

第二天早上,我一走进会场就说:"你们说的没错,请别跟我计较。"于是他们开始要我说这说那(后来才知道这是一个康复中心,不是什么冥想团),没过多久,他们就要我躺在地板上,练习初级康复教程。一群人围在我的身边,按着我的身体,按得我攥着拳头愤怒地吼了起来。那一刻,我似乎又回到了摇篮里:我能想象得到窗户、窗外的阳光、摇篮的栏杆,以及我儿时的一切场景。正当我要发脾气的时候，依稀见到母亲来到我的身边，手轻轻地放在我的胸口上，冷冷地看着我。我记得陡然间有一种筋疲力尽的感觉，仿佛被她挫了锐气。通过现在的认识重温这一被控制的感受，我明白自己的个性不过是应这一最初感受而生，是为了讨好周围的人，让他们的爱给我力量。他们是得给我力量，这种力量我没有。给与不给由不得我。

这段小插曲调动了我内心的某种东西，如果没有这群行为怪异的人帮助，我无法重温往日的情怀、跟上时代的步伐。往事在我们的记忆中留下了深深的烙印，许多事情发生在我们牙牙学语之前。等上了年纪，你会觉得与这些往事更近。由于时间充裕，人们往往喜欢对过去的创伤追根究底，从而提供了一个清心寡欲、用智慧承受早年创伤的大好时机。

用现在的观点反思过去是"明明白白活到老"教程的一部分，其目的是告诉你现在的身份。如果你发现某段经历常常浮现在脑际，你不妨在冥想的时候反思这段经历。与其关注呼吸，不如跟着与这段记忆相关的念头和感觉走，同时记住你现在所处的这一刻，用呼吸提醒你见证过去，免得你迷失了方向。

就拿遭人遗弃来说吧。大多数人都曾有过这样的经历，我这一生中，曾经历过不止一次这样的伤痛。但灵魂又是怎样看待这些往事的呢？"自我"认为自己是个遭人遗弃的伤心人，与此相反，灵魂却将这当作一个更大的机会。从这一层认识上回首往事，你会发现这其实是因祸得福。正是"自我"的每一次"失败"成就了现在的你我。从灵性的角度来看，学习中迈出的每一步都是福，这句话中的含义无法用语言来衡量。这与

"自我"的吹毛求疵和怀恨终身有着天壤之别。巴西作家阿西斯（machado de assis）有一首诗将这一观念诠释得淋漓尽致：

> 昨晚我梦见了一个
> 美妙的错误——
> 梦见我心里有一个蜂窝
> 金色的蜜蜂拿我的失败
> 建造白色的蜂房，酿出芳香的蜂蜜

"金色蜜蜂"就是将过去的经历加工成智慧的灵魂。

这种了结过去的方式甚至可以用来抚平往日的伤痛，尽管听起来有点匪夷所思。我无意要你忘却痛苦，不过是建议你用现在的智慧去承受过去，免得它像鬼魅一样缠着你。跳出了"自我"，你会放下心中的那一份执着，不再同情曾经受过的苦难。人们常常将苦难当作人生的标杆和可以吃的老本。这样一来，我们就成了《天翻地覆》的主角，好似要借过去来证明自己的人生意义。我们沉迷在这一幕肥皂剧中不能自拔，将自己锁在过去这一牢笼里。

如果心怀怨恨，无法宽恕，你只会在怨恨中郁郁终生。一旦真正的伤害终止了，只有念念不忘这些伤害才会为你带来麻烦。换句话说，自己的心念才是痛苦的祸根。

遗憾的是，许多老年人并没有认识到这一点。我就曾见过这样的老人，他们终日愁着曾经犯下的错，念叨过去的不幸、打磨憎恨的斧头似乎成了一种嗜好。但这只能招来痛苦，正如我见过的一位老妇人，她很坦率地告诉我，就因为小时候父母对自己不好，她永远也不会原谅早不在人世的他们。"我到死都不会原谅他们！"她攥着患关节炎的手，自以为是地说。她的刻薄和浮躁害了她自己，也给我留下了深刻的印象。她无疑有两条路可走：宽恕和放下，或者在怨恨中了此残生。

如果你和已经不在人世的人有过未解的结，以慈悲和谅解来化解这一仇恨不失为明智之举。当你回首往事时，心和身体会随着这些记忆发紧，你要慢慢地、一点点地缓和自己的心情。你无须否认曾经发生的事，不用为之解释或开脱，也不用否认你此刻的感受。你的目的只是通过全盘承认来化解这一痛苦。一旦你全神贯注于这一刻，你会发现憎恨会在微不足道的反抗中愈发强烈。如果你无法原谅，可能是你根本不想这么做。你不妨做做这样的练习，比如给曾经伤害过你的人写封信、对着他的照片反思，想象这些"敌人"也有着自己的痛苦和无知。

我在培养学习做一个会老的人的能力时，发现现在的力量越来越强，远远超过了过去甚至苦不堪言的记忆。跳出"自我"，来到更加广阔的空间，我感受到了现在的丰富和精彩。

要是你和某个尚在人世的人有过过节，我倒建议你去跟他谈谈。我曾和不少人改善了关系，尤其是和亲属的关系。我只是和他们一道坐下来，就新近发生的事开诚布公地说说心里话。当然，你不能带着挑衅的口吻，像最后通牒似的说："我们得谈谈！"你们只要走到一起，将你对此人过去的印象、他对你的所作所为带到现在，然后用现在的观点探讨过去，顷刻间就能冰释前嫌。

化悲伤为智慧

等你上了年纪，懂得怎样悲伤也是一门重要的学问。尽管这听起来似乎很简单，但以往的经验告诉我并非如此。在讲求坚忍、向前看和时间就是金钱的社会中，人们无法容忍慢节奏和悲伤，悲伤这种对人生有益而且必需的一面往往被忽视了。人越是上了年纪，失去的越多，悲伤的需要也愈发显著。只有懂得怎样悲伤，我们才有望将过去抛在身后，来到当下这一刻。

人越老，失去的越多。这是世间无常的本质。我们会失去亲人、梦想、体力、工作和朋友，常常还没完没了。要想活得轻松，这些失去带来的悲伤，你必须照单全收。

我的好友斯蒂芬·乐文曾说过，我们应该建造一个专门用于凭吊的寺庙，让人们安心地倾诉心中的悲伤。犹太教和爱尔兰的守丧仪式，都是为了宣泄悲伤，但在当今这个社会中，这些仪式却逐渐被我们淡忘了。

这些年来，每每安慰那些悲伤的人，我首先要他们任其自然。要想遏制逃避痛苦的本能，你应该任由自己宣泄悲伤。如果失去了朋友、亲人、家园、工作、由来已久的梦想或者健康，你应该有时间好好记住这些损失。不敢面对这些悲伤不足取，因为这些悲伤能让你认识到，你只为自己深爱的人伤心。

任由自己宣泄悲伤，你会发现这一过程并非是一成不变的，而是宣泄后暂时平静了一段时间，接着又一波悲伤袭来，你再继续宣泄的螺旋式过程。你常常认为悲伤已经过去，谁知又有更大的一波伤痛来袭。因此，你要有耐心，不要急着把悲伤抛到身后。

"悲伤有长短，人与人不同。"到了一定的时候，你自然会渡过这个难关，但内心那份深厚的感情却不会就此消失。你最终将体会到"爱超越死亡"这句话的真谛。我曾碰到过这样一位姑娘，她的男友在中美洲遇害，她悲痛欲绝，甚至无法过上正常的生活。于是我对她说："假设你现在在'智慧女人培训班'里，那么你生活中的一切都可以作为培训班的素材。"她与这位男子的爱情会成为她智慧的一部分，但她首先得将这看作灵魂之间的关系。俩人不再是两个肉体，应该在心灵上沟通，因为灵魂无需肉体也能相通。

我的导师在1973年去世时，我本以为凭他在我人生中的地位以及我对他的爱，我肯定会悲痛欲绝的。可奇怪的是，我没有。过了一段时间后，我才明白了个中的原因。我对他的爱戴建立在灵魂上，灵魂离开肉体的岁月里，他仍然和我相伴相知。

不自寻烦恼

学会来到现在，你会发现自己不仅能放下过去，还能抛开未来。正如佛家所说的："不妄寻烦恼，不去想遥远的未来。"往事束缚你的是记忆，未来纠缠你的是期待。

种种难题和期待萦绕在心头，挥之不去召之即来，许多老年人终日里为将来发愁。死亡固然是我们最大的心病，但我们还要为别的事伤神，为此脱离现时的感受、没完没了地为将来忧心忡忡。这实际是没出息的。虽说我们应该规划未来，把事情安排得有条有理，但许多老人往往为将来愁过了头，有害无益。

仔细想来，多数恐惧都与我们头脑中的未来息息相关。恐惧因未知而起，尽管人们大都回避心生恐惧的东西，但要想消除心中的恐惧，最灵的一招还是要走近它，或者说将未来的想法带进现在。

遗憾的是，人们往往并不愿意这么想。几年前，我应邀在一场慈善晚会上演讲，晚会主办方的负责人是我一位刚刚离世的故交。与会的来宾我大都不认识，但看在朋友的情分上，我还是答应了。定下了时间后，他们问我演讲的主题。于是我告诉这位负责人，最近我在写一本关于明明白白活到老的书，我可以谈谈这个话题。

"噢，镇子里的人也许不会愿意参加一个以老去为主题的慈善晚会的。"

"那好，"我答道，"那我就谈谈痛苦吧。"

她吓了一跳。看来他们对痛苦也不感兴趣。

"那你看在清醒中死亡怎么样——这些年来，我一直都在研究这个。"

"哦，别！赴宴的人肯定没人愿意听死亡之类的话题。"

最后，我们将演讲主题定为"开发人生的每一个阶段"，但我说的还是老去、痛苦和死亡。演讲临近尾声，有一位妇女对我说："你似乎很消极，谈的都是些老去和临终之类的东西。"

可我谈的都是些令人快乐的事。

虽说我们不愿去想将来，但也不能否认晚年中可能遭遇的种种不测。如果你列一张表（我就常常这么做），而且仅仅将自己局限于"自我"，你会发现这些不测真的让人难以承受。不承认灵魂或者在内观时没有悟出灵性，我们就像困在沉船上的乘客，无力也无法逃脱。不过，只要具备了灵性的视角，你就可以放心大胆地探索自己的恐惧。你不妨做一张表，列上你最担心的各种不测之祸，然后仔细想一想其中的每一条，看看现时到底有什么感受，这样一来，它就没有了破坏力。在《永恒的此刻》(*This Timeless Moment*)一书中，罗拉·赫胥黎甚至提出想象自己的葬礼。如果你认为这一时难以接受，你可以想象自己像我一样坐在轮椅上（行动不便是常见的恐惧），或者想象你无亲无故、孤苦伶仃。思考这些事情的过程中，你若能清醒地认识自己处在现在这一刻，你会明白一切恐惧都是自寻烦恼。

做最好的打算，接受最坏的结果

时间和变化是相互关联的。人们常常用变化来衡量时间，用岁月的增长来衡量变化。对大多数人来说，担心未来，实际就是对变化的恐惧。但"自我"不肯放下这一认识，甚至将变化视为一种威胁，因为只有一切尽在自己的掌控之中，"自我"才觉得舒坦。但在清醒中老去能够帮你缓解痛苦：因为灵魂不会改变，这一点是与"自我"不同的。灵魂不以同样的方法来衡量时间。灵魂的时间用"一世"来衡量。每一次转世都像一个小时，甚至一分钟。"自我"在尘世的时间里活动，灵魂则在灵魂的时间里徜徉。灵魂用永世来思考问题。若能具备两种不同的时间观念，你会有一种历经磨难色不改的宁静感。挣脱"自我"的束缚，了解现在每一刻的恒久，你就会不再恐惧，而是带着一颗好奇的心来迎接改变，坦然接受未知的事物。

我经常用一则精彩的故事来阐明这一智慧。从前，有一位农夫养了一匹好马。有一天，马跑丢了，农夫的邻居到他家来安慰他。"你遭到这么大的损失，我深表同情。"邻居难过地说。"你永远都不会明白。"农夫答道。就在第二天，马自己回来了，还带回来匹漂亮的野马。这一次，邻居边喊边走了进来："太好了！你真走运！"农夫答道："你永远都不会明白，"几天后，农夫的儿子想驯服这匹野马，结果给摔倒在地上，把腿给摔折了。邻居自然又跑了来，说自己对发生的不幸感到痛心。农夫还是答道："你永远都不会明白。"没过多久，哥萨克军队到村子里拉年轻人打仗，农夫的儿子因腿伤逃过了一劫。"你的运气真好！"邻居听到这个消息后说。这一回，你能猜到农夫会怎么回答了。

这其中的关键是你不知道下一步会面临什么样的变化，或者说对你有什么样的影响。万物无常，如果要想减少痛苦，只有处变不惊，你才能对未知世界坦然相待。

几年前，我认识了一位叫汤姆·安德鲁斯的人，当时他在缅因州竞选议员。汤姆患有癌症，曾两度复发，其中的一次让他失去了一条腿。他的沉着稳重给我留下了深刻的印象，于是我问他为什么这么开朗。他说："第二次复发后，我终于领悟了。我无须避讳这件事儿，也不用担惊受怕地过日子。我到处求名医问好药，不管是正统的还是偏方，我都要试试，然后继续过我的日子。最重要的是不用担心未来，不论什么结果都要坦然相待。不论治疗方法有多新奇古怪，我都会告诉自己：就是这能治好我的病。"

因此，我们应该"做最好的打算，接受最坏的结果"。或者像美国海军提倡的："改变你能改变的，要是改变不了，你就美化它。"我们不得不承认，等上了年纪，自己会失去掌控（自我同时会失去掌控），人生头一回听任病魔的摆布。自从得了中风，我每天都要学习这一课，以一个意志坚强的人难以割舍的方式放弃自我控制。在你面对无法逆转的改变时，你是否还有选择？明智的选择是不要想着事情应该怎样，而是要学会顺其自然。发生变化时，你应该坦然处之，循序渐进，一步步地解决。

随老去而来的变化中，最难耐的是自我感觉与现实不符。不论你内心里觉得自己是个少男抑或是个少女，身体在每一个紧要关头都会和你作对，有时还会带来痛苦的结果，甚至要你难堪，那次我跳上台、跌了个嘴啃泥就是一例。

但在这个貌似"不可调和"的矛盾之中，我们再次发现了一个大学问。你的年纪越大，越能体会到这一"认识上的分歧"，也就是自我感觉和现实相悖。虽说这一矛盾叫人浑身不自在，但它却是一扇明亮的窗户，你可以从中看清要坚守或者要注意的地方。正如肉体上的痛苦提醒你身体有问题，精神上的痛苦提醒的是你需要警觉的地方。

换句话说，困惑、愤懑、幻觉等实际是缓解痛苦的最大帮手,指出你的"自我"身陷何处,提醒你进入到灵魂的境界。告诉你什么地方需要改进,处于什么样的阶段,哪些地方需要加强。

和恐惧促膝长谈

大家身边大概都会有这样一些人,他们身陷注定不会赢的境地,将"宝贵的人生"交给自己难以掌控的事物。这些人惶惶不可终日,拼着命地想抓住未来,想要青春永驻,最后把自己逼进了死胡同。这种不死不活的生活状态,充斥着恐惧以及让惊恐万状的男男女女身陷其中的陷阱。无法坦然面对改变,你自然无法坦然面对生活。这是等你到老来,觉得恐怖却又必须面对的事实。控制变化的欲望是通向智慧之路的最大障碍。

自我与变化之间的关系,可以用一则印度神话来阐释。女神(生命的力量)最初以卡莉(Kali)和朵尕(Durga)两个面孔出现,卡莉是恐怖女神,脖子上戴着骷髅串成的花环,腰上系着一条断手连成的腰带。卡莉的舌头滴着鲜血,手持一把浸透鲜血的宝剑。她是"自我"的敌人,你想要控制这个世界或者抱定某个事物时,看到的正是她令人生畏的一面。卡莉的职责就是扼杀"自我",将你从沉迷中解救出来。

一旦你放下了"自我",卡莉就变成了金色女神朵尕,即光辉灿烂的圣母。"明明白白活到老"必修的一课是走近卡莉,也就是让你惊恐万状的事物,来看清你迷恋的东西,感受放下后那一刻的安详。

直面未来的恐惧，是进入灵性层次的一招妙棋。我们必须坦然地面对此刻的一切，哪怕是最令人恐惧的。但如何能做的这一点呢？这就是要培养大无畏的精神，熟知自己的心魔。

我当初从事临终关怀工作，是出于两个方面的原因。首先，跟导师相处了一段时间、与他之间有了心灵上的相通后，我自认为可借助迷幻药和冥想，为早已过时的临终与死亡观点作一番贡献。这些临终者所受的教育大都是除了身体和意识外，其他一概都不存在。我作为一个灵魂坐在他们的身边，希望告诉他们一个更为广泛的真理，提供一个更加广阔的思维空间，希望有朝一日在他们需要的时候派上用场。

我的第二个原因则出于点私心。和大家一样，我也怕死，希望借此摆脱对死亡的恐惧。我也深受憎恨、饥饿以及因依赖和无知而起的困惑所累。我需要有套教程帮我摆脱这些束缚。要想进一步了解变化和无常的本质，陪伴临终者是最好的课堂。

尽管现在我仍然没有完全摆脱对死亡的恐惧，但我可以说，陪伴临终者以及因此产生的反感，让我不再抵触死亡，同时也认清了抽象且难以驯服的心魔。主动面对令人担忧和恐怖的一场变革，你会不再害怕未来。见过这一不可逆转的改变，对自然规律也就不会感到诧异和恐惧。虽然这不足以消除痛苦，但的确为解决这一问题提供了一条全然不同的途径。与那些已经八九十岁仍然在问"为什么"的老人不同，我们大方、耐心地肩负起这一重任，为迎接这一改变做好准备。从"自我"的角度来看，改变是痛苦的根源。从灵性的角度来看，改变就是改变。

最后要说的是，我们探讨未来，归根究底就是对谜的感受，不论你对自己和生活有了多少了解，仍然有许多你永远也不会了解的东西。灵魂根本不会找谜的麻烦。智慧的长者都知道，"自我"什么也掌控不了。这样一来，我们就可以在谜一样的现在歇息片刻，至于未来，你任其自然好了。

不妨一次只做一件事

进一步练习"明明白白活到老"后，你会发现自己对时间的盲从，实际是自己的大脑在作祟。你也许认识不到这一点，不过你也许在众多场合中有过切身的体会。比如你读一本好书、做爱或者听一曲美妙的音乐，你完全陶醉在其中，等你突然醒过神来，个把小时就在不知不觉间过去了。全神贯注于手头的事上，思绪别像乒乓球一样在往事和期待间来回跳跃，你实际上已经放下了老一套的时间概念，摆脱了过去和未来。这一幕幕超越时间的小插曲过去后，你会发现自己的身心安逸放松，就好像挣脱了一只紧紧抓着你的无形铁手。这一感受正是练习"明明白白活到老"的目的。等老得行动不便时，你不妨用这个方法来摆脱时间的掌控，随时体验这一刻的永恒。

这种自由的关键是懂得"现在这一刻不存在时间"。世界各大宗教都在其教义中提到"永恒的现在"，以此教导追随上帝的信徒，就在自己脚下这方土地上寻求自由的国度。换句话说，永恒就是现在，你全神贯注于现在而"忘记时间"，会发现一个隐藏在日常生活背后的世界，这个世界一直在等着你去发现，只不过你被时间蒙住了双眼。现在一刻是通向永恒的大门。

锻炼这一时间上的认知，你不妨一次只做一件事。喝茶时，你就只喝茶；看报时，你就只看报。这能让你慢下心来，忘记时间的概念。一心关注眼前事，你会从这种思维方式中得到前所未有的解放。接下来的一口茶、一次呼吸、一步路，都没有时间概念存在，你把握住每一次机会走进这一刻，会在现在这一刻中觉得一身轻松。

我这么说并不是叫你不戴手表，做事没个计划，或者事先没个安排，而是要你一心关注自己做的每一件事。经过锻炼，它能帮你定住心神，减少自己的焦虑。尽管肉体受时间所限，但旁观者（灵魂）要学会置身于时限之外，给你的"时间"以一种无限感，以及包含过去和将来的这一刻。

客观时间、心理时间和文化时间

了解了"相对"时间，你会发现它的嘴脸像达利[①]笔下的钟，变化多端。大家知道世上有各种各样的时间，如滴答作响的格林尼治时间；人们感受时间的方式，也就是无聊时觉得慢、快乐时觉得快的"心理时间"；以及"文化时间"。时间因社会公认的节奏、科技的进步以及特定人群对时间的定义各异（比如认为"时间就是金钱"）。

---

① Salvador Dali，西班牙超现实主义画家。

时间的这三个方面与"明明白白活到老"这一课息息相关。我们先从"心理时间"说起。老年人常常说，上了年纪后，觉得时间过得既快又慢。岁月飞逝，但度日如年。针对这一说法，有很多解释，我们不妨从一年在你一生中占的比例这个概念入手：对十岁的孩子来说，一年要占他人生的十分之一；而到了六十岁，一年只占六十分之一。

不论出于什么原因，随着年龄的增长，概念中的时间越来越短，你想死死抓住时间，却又发现时间不知不觉间在指缝里悄悄溜走了。我常常听到老年人问："时间都到哪儿去了？"十年前发生的事"仿佛就在昨天"。当然，这种时间上的错乱也有它积极的一面。自从得了中风，我的时间观念也发生了变化，我不再受一成不变、按部就班的时间限制。我慢慢体会到，时间概念越模糊，越容易进入到现在这一刻。

正如有许多老年人觉得时间过得飞快，整天像兔子一样东奔西走，觉得时间不够用，也有为数不少的老人觉得时间过得非常慢，闲得发慌。这些人大都行动不便，缺乏生活热情，从而感到百无聊赖，觉得时间就像滴水的水龙头一样，是一种折磨。其实，无聊是老年人最常见的苦衷。不过，与其他感受一样，无聊并不像它看上去那么简单。

我曾到缅甸的一座寺庙闭关三个月。用来闭关的小屋里没有书和报纸，没有搭话的人，说白了，就是无事可做。在蒲团上只坐了两个小时，我就想"无聊死了"。我非但没有抛开这一念头，或者顺着这一念头喊出"我要出去"，而是打定主意，要好好研究一番这种无聊。我问自己："无聊是个什么样的感觉？是圆是方？是动还是静？"我越是从灵性的角度对无聊的本质穷追不舍，越是有一种新奇的感受。不再担心无聊这档子事，而是切身感受这些念头、心象、偏见、期望和感官上的感觉，才发现所谓的无聊不过是一个空洞的念头，我实际是在一个有待探索的意识状态中。我再一次看到了现在这一刻的完美和醇厚。

和以往一样，注意力是个有效的转化剂。

除了"心理时间"，人还受着"文化时间"的影响，文化时间和语言、饮食一样具有地域性。哲学家肯·韦伯（Ken Wilber）指出，这个时代不是新生代戏称的灵性时代，而是信息时代。这是以哲学物质主义为基础的文化，其特色是工业化的快节奏。

有一天，我在第五大道上跟在一对老夫妇后面走。他俩依偎在一起，亦步亦趋地走着。在一处人行横道口，车辆和行人为抢红灯匆匆而过。这对老夫妇慢慢地挪到人行道口时，一帮人却以极其恶劣的态度对待他俩。汽车冲他俩鸣着喇叭，有人催着他俩快走，而他俩却一脸茫然地站在人行道上，就像一对火星人，因为崇尚快节奏的社会跟他俩的步调完全不一致。我不知道如果他们身在有人帮、有人扶的乡村和小镇，会是一个什么样的情景。也许他们能很好地融入当地的文化，而不是像现在这样显得格格不入。我这才体会到追求效率的文化对老年人施加的精神暴力。

记得父亲临近九十岁那年，有一天下午，我开车带他去波士顿郊外的一座叫哈里斯顿的小镇。父亲年幼时，他的祖父

（家族中第一代欧洲移民）曾在哈里斯顿经营过一个农场。由于父亲年事已高，我很想带他到这个地方走走。那时候，父亲一家人住在波士顿北郊，每到周末，一家人都要乘火车去哈里斯顿。祖父会到车站接他们，然后用马车载着他们回农场。我认为重走旧路对父亲来说肯定是一段快乐的旅程。

我找到了车站，然后又查了好些老地图才找到了那座农场的位置，于是我开着车循原路一路而去。等到了那儿，才发现农场不见了，只剩下几块腐败不堪的木板。父亲到了这个年纪，变得越来越沉默，几乎很少开口说话。他四下看了看，一副迷路的样子，回来的路上，他两眼一直盯着车底板。我好生失望！我费了这么大的劲儿，花了那么多心血，甚至还打电话给市政厅，才找到这个地方。可现在，他就当没这回事似的。

紧接着，我发现了问题：整个旅程跟他毫不相关。这一天过得太快了！这一段旅程是以汽车的速度来衡量的，不是父亲记忆中的马车速度。我决定再来一次。于是我们又回到了车站，按一匹栗色牝马拉着车的速度慢慢往农场开去。果不其然，父亲一下来了精神！故事一个接一个。"这就是我从马车上摔下来的地方。这是我们摘苹果的地方！"父亲一肚子的故事，但只有我们慢下脚步，才能唤醒他对往事的回忆。我这才知道，为什么有这么多老人觉得自己落了伍，跟不上这个飞速前进的世界。正如许多老人向我诉苦一样，时代将他们抛弃了。

我们接受新生事物，但也不能忘了旧事。父亲虽然身在新时代，但他要回到从前，回到另一个世界中去。他没有沉迷往事，只不过为了回到从前，得按他童年时的节奏。他没有哀叹，老年人往往会重温童年时的时间观念，那个时候，他们没什么事急着要做。记得我小时候像现在一样，从来没有忙的时候。老年和童年的我时间都很宽裕，这份宽裕为灵魂营造了一段空间。对父亲来说，是我放慢速度为他营造了这份空间，唤醒了他童年的记忆。汽车比不上马车。因为汽车的速度无法提供马车一样的空间。

在快节奏中迷失了方向的还有医学界。我小的时候，医生几乎就是家中的一员，他们会时不时地到我家来小坐片刻，喝杯茶。如今，他们来为我做例行的检查时，要是能和我握个手，在为我看病的短短十来分钟里跟我说上几句话，我也就心满意足了。

律师们也是一个德行。我的侄子就是个律师，他说他的电话上装了一种专门的仪器，用来计算他花在业务上的分分秒秒。从前的律师不用为计算在客户身上花了多少时间费神，他们甚至免费和客户用餐。这在不久前还是个道德准则，但在现代人的眼里，则显得非常浪漫，甚至有点做作的成分。

身体已老，但生活的每一刻都是新的

我们讨论的几种时间，不论是客观时间、心理时间，还是文化时间，都是"自我"的感受，而灵魂则有着截然不同的时间观念。从灵魂的角度来看，"自我"犹如朝生夕死的蜉蝣。但拥有了灵魂的观点，你会改变与时间的关系，从灵魂的角度来看待时间。

在智慧的道路上走得越远，灵性生活上的探索越深，你越会明白我们的文化对日常生活中神圣一面的漠视之深。这一时间领域的忽视堪称露骨。无须深究"时间就是金钱"这些陈词滥调，你就能明白当今社会对时间的观点，或者认清我们的文化意识的俗不可耐。人们似乎觉得时间是可以用来"花"、用来"挥霍"的，或是像财产，可以"拥有"和"失去"。人们很少想到时间的神圣，从来没有把这一刻当作上天的恩赐。

我生在一个犹太人的家庭，但我们从来没有过一个安息日。我的父母甚至都忘了安息日的含义。我们迫不及待地要融入美国的主流文化。因为星期六中止常规的生活，我们就无法和非犹太朋友在一起。

从老派的价值观过渡到当今物质主义价值观的过程中，我们失去了许多宝贵的东西。和基督教一样，犹太安息日这一天时间就此中止，用来为下一个星期做准备。几年前的一个安息日期间，我去了耶路撒冷一个古老的犹太人社区，星期五日落时分，周围的一切突然间戛然而止，这一幕让我不禁为之动容。这里的犹太人像约好了似的，放下了一切活动，来好好喘口气，来回忆，来放下名和利。安息日是投入到下一周的工作前，用来休息、冥想的一个机会。对有些人而言，过安息日不过是走走过场，表明自己是个善良、受人尊敬的人。但对另一些人来说，这是一个留作庆祝自己与上帝的约定，是同心协力建设这个不可侵犯的世界的神圣时刻。

等我们上了年纪，生活中真的非常需要这样的休息和不容冒犯的时刻。不论你信不信教，遵守安息日的作息，或者将冥想当作一个短暂的安息日，应该说不无益处。生活中，必须要有一个固定的时间，好让我们忘掉时间和手头上的事，来记住这一神圣不可侵犯的时刻。安息日能将我们带到现在这一刻，不仅为肉体和精神，同时也为我们需要倍加呵护的灵魂增添力量。抽出时间来滋养我们永恒的那一部分吧。

由于经常在美国和印度之间来回奔波，对于两地在时间上的文化差异，我深有感触。1970年发生的一件事我至今记忆犹新，那是我去印度拜访分别两年的导师。乘着时速达600英里的英国航空747飞机，我从纽约转道法兰克福，临近午夜时分才抵达德里机场。我刚一走出舱门，一股满是灰尘、热烘烘的印度气息就迎面扑来，这一刻，一切效率和速度概念戛然而止，随之而来的一种崭新的节奏。

进了大厅，我们一帮乘客就排在海关通道里，开始了漫长、叫人筋疲力尽、一头恼火的等待。此刻是当地时间下午三点半，排队等候的队伍慢得挪不动步。由于西方人习惯快捷的服务，一群人这会儿都等得一头恼火、口中骂骂咧咧，有的甚至像孩子一样跺起脚来，而那些代办人却我行我素，一幅优哉游哉的样子。在来印度之前我就转变了时间观念，要不想痛苦难耐，就不能老想着时间，但此刻我像似着了魔，跟周围的西方人一样难受，而队伍中的印度人却若无其事地在一旁等着。

几个小时后，我登上了开往阿格拉（Agra）的泰姬号快车，这趟列车中途经过我的目的地秣菟罗（Mathura）。印度的火车是一个丰富的大课堂。特快也好，普快也罢，都慢吞吞的一个样。我们以史前的速度前进着，车窗外的乡村慢慢地向后蠕动，棕榈树一棵一棵地往后挪着，慢得我恨不能打开窗户吼几声。但事情随即发生了变化。与其嫌车慢，频频看表，我还不如给自己说个小故事："这列车会一直开下去，现在这一刻永远没有尽头。我一生都要在这车上度过，永远不会下车。这又怎么样呢？"

想着这则故事，我开始沉醉在火车的节奏和速度当中了。望着窗外的景色，我不再和先前一样愤懑。这时，我注意到田野中有一位年轻女子：她穿着鲜艳的纱丽，头顶一只大陶罐，迈着婀娜的步子，一个人在前不着村后不着店的乡间小路上走着。我和她近得能看清她的眼睛、黑色眼影、耳朵后别着的木芙蓉和腕上的银手镯。

在我看来，她就像印象派画家高更笔下的人物，活在永无止境、充满想象的世界中。火车缓慢、坚定地向前移动着，扬起的煤灰染了乘客一身，这时，只见她在两端不见尽头的小路上走得越来越慢。虽然她在我的视野里只出现短短的半分钟，但她的身影却给我留下了深刻的印象。我是既爱又恨，爱的是我慢下了步伐，去感受天地间的和谐、播种收获这一四季转换和人生的轮回；恨的是我生在西方长在西方，过惯了物欲横流的生活。这一刻，我如释重负，不知道那一部分是"我"。

一到秣菟罗，一大群人力车夫就围了过来，请我上他们的车去六英里外的圣城布林达班（Vrindaban）。我要想快，可以找摩托车夫，或者花五倍的价钱打个的士，要不了二十分钟就能见到玛哈拉。说也奇怪，谁的车我也没上。此刻我仍想感受那位女子越过田野的步调，于是我雇了辆马车，花了一个小时才到达导师的阿什拉姆。

我来到大师的跟前，为他献上了鲜花和水果。我把这些贡品放在他的跟前，微笑着鞠了一躬，然后在前来求他赐福的人中间找了个地方坐了下来。但似乎什么也没有发生！脑子因不耐烦开始胡思乱想，并且很快就失去了控制。我努力去听他说了些什么，却发现这些教义在我看来毫无意义，不免觉得有点失望。

我在黑暗中坐了好一会儿，然后睁开眼睛望着玛哈拉。陡然间，时间似乎停滞了。他的仪态让我静下心来，留意现在这一刻。他似乎就是时间，过去和现在、前世和今生都失去了意义。在导师的心田里，时间不再是衡量经历的标准。这突然间的一刻就是"满足"，对我这个西方人来说，这个词是很难体会的，这一刻我无欲无求。时间停滞了，思绪慢了下来，"我"和这一刻间的这层窗户纸被捅破了，我随即领悟到过去和未来已然融合成了现在，没有了界限。我不再是原名叫理查德·阿尔伯特的拉姆·达斯，或是乘着飞机不远万里而来的那个美国人。

他们给我端来了一杯香浓的奶茶。喝完茶，我按当地风俗，将这只粗陋的陶杯摔到了墙上，看着杯子的碎片纷纷落在地上，然后被牛马踏成灰烬。玛哈拉曾对某个人说过："你为什么这么傲慢？我们都是泥做的。"看着杯子的碎片，在这永恒的一刻，我仿佛看到自己的身体变成了碎片，化作尘土。我对现在这一刻感激不尽，感激它给我耐以生存的阳光和空气，甜美、珍贵，感谢它给了我一个周游世界的身体！活着真好，活着能尝到这一天的甜美！来到永恒的现在，你体内会充盈着一种大爱，想要去爱身边的一切。

这欣喜的一刻并不遥远,无须你漂洋过海,也不用得道的高僧亲临。只要你停下脚步,看一看身边的奇迹,这一刻会触手可及。如果为时间所累,你会对展现在你面前的每一刻视而不见,你比较,你回避,你去界定这些奇迹。可一旦你不再算计,睁开双眼,会发现有一种崭新的生活在迎接你。

你的身体已老,但这一刻却是崭新的,你会学着从短暂走向永恒。

后记
安于老去

父亲上了年纪时，和其他老年人一样，行动变得迟缓起来。不论是上车、爬楼梯，还是躺在他心爱的躺椅上，他都带着极大的耐心，像是在修禅一样，专心从容地去做每一件事。

每做完一件事，或大或小，他都会心满意足地说："我做到了。"

你我一直在借本书探讨人生，想方设法看清自己的后半生，适应人生的这一转折。

愿每一个人都能像我父亲一样释然、满足地安于老去。

——我终于做到了！